高 等 学 校 专 业 教 材

中国轻工业“十三五”规划教材

食品生物化学实验指导

主编 汪 薇 任文彬

中国轻工业出版社

图书在版编目（CIP）数据

食品生物化学实验指导／汪薇，任文彬主编．—北京：中国轻工业出版社，2023.6

ISBN 978-7-5184-4386-4

Ⅰ.①食…　Ⅱ.①汪…②任…　Ⅲ.①食品化学—生物化学—化学实验—高等学校—教学参考资料　Ⅳ.①TS201.2-33

中国国家版本馆CIP数据核字（2023）第036937号

责任编辑：马　妍　　责任终审：白　洁
文字编辑：武艺雪　　责任校对：宋绿叶　　封面设计：锋尚设计
策划编辑：马　妍　　版式设计：砚祥志远　　责任监印：张　可

出版发行：中国轻工业出版社（北京东长安街6号，邮编：100740）
印　　刷：三河市国英印务有限公司
经　　销：各地新华书店
版　　次：2023年6月第1版第1次印刷
开　　本：787×1092　1/16　印张：11.5
字　　数：265千字
书　　号：ISBN 978-7-5184-4386-4　定价：32.00元
邮购电话：010-65241695
发行电话：010-85119835　传真：85113293
网　　址：http://www.chlip.com.cn
Email：club@chlip.com.cn
如发现图书残缺请与我社邮购联系调换
191452J1X101ZBW

本书编写委员会

主　编　汪　薇
　　　　任文彬
副主编　于　辉
　　　　黄桂颖
参　编（按姓氏笔画排列）
　　　　王　宏
　　　　白卫东
　　　　刘功良
　　　　陈悦娇
　　　　姜　浩
　　　　高苏娟

前言 | Preface

食品生物化学是高等学校食品科学与工程类专业的重要专业基础课，具有较强的理论性、技术性和实践性。为了深入实施人才强国战略，培养造就大批德才兼备的高素质人才，与时俱进，不断更新并完善食品生物化学实验课程的教学内容，提高整体教学效果至关重要。为了使学生和相关科研人员在掌握食品生物化学理论知识的基础上，进一步掌握更全面的实验操作技能，拓展思维，培养综合应用能力，编者在食品生物化学教学和科研实践的基础上，基于学院使用的自编教材，结合近年来的科研成果编写了本教材。

本教材共八章，包括水分、糖类、脂类、蛋白质、核酸、酶、物质代谢与生物氧化、综合性实验，其内容涉及食品生物化学实验的各个方面，既有物质的提取、分离、纯化，也有物质理化性质的研究；既有经典的基本理论验证实验，也有探索性、综合性实验。此外，还注重对实验室安全与防护、实验报告撰写规范、常用试剂和溶液的配制等内容的介绍和要求。每个实验包括实验目的、实验原理、实验试剂与器材、实验步骤、实验结果与分析，同时还有思考题及注意事项，实验方案简明扼要，可操作性强。

本教材由仲恺农业工程学院“食品生物化学”教学团队的教师共同完成，汪薇负责统稿工作，并编写前言及第一、二章的内容；任文彬、白卫东、姜浩编写绪论及第三、四章的内容；于辉、黄桂颖编写第五、六章的内容；高苏娟、王宏编写第七章的内容；刘功良、陈悦娇编写第八章的内容。值得提出的是，本教材融入实验视频，以便提供更直观的指导，读者可通过扫描二维码进行观看，了解实验操作细节。

本书可作为高等院校食品科学与工程、食品质量与安全、生物工程、生物技术、发酵工程等专业的教材，也可供相关专业的学生、教师和科技工作者参考。

虽然编者在编写过程中力求严谨和正确，但限于学识水平与能力，书中不足乃至错误仍属难免，敬请读者批评指正。

编者

2023 年 1 月

目录 Contents

食品生物化学实验室须知

一、食品生物化学实验目的

1. 通过实验掌握基本的生物化学实验操作技能；
2. 通过实验加深对生物化学基础理论知识的理解；
3. 培养观察、分析问题和解决问题的能力，以及求实创新的工作作风。

二、食品生物化学实验室的基本要求

1. 实验前必须认真预习实验内容，明确实验的目的和要求，掌握实验原理和基本操作。

2. 每位学生须严格遵守实验课堂纪律，维护课堂秩序，不迟到，不早退。

3. 进入实验室必须穿实验服。进入实验室后，要保持安静，不得大声谈笑，严禁随意动用器械、材料及危险品。

4. 在实验过程中要听从教师的指导，严肃认真地按操作规程进行实验，简要、准确地将实验结果和数据记录在实验记录本上。实验完成后经教师检查同意，方可离开。

5. 严格按要求领取实验试剂及仪器，听从实验教师安排，做好领用登记。取用试剂时必须“盖随瓶走”，使用后立即盖好放回原处，切忌“张冠李戴”。实验结束后清点所用的试剂及仪器，做到领用和归还数量一致，并签字确认。

6. 严格按操作规程使用仪器，并执行使用登记。凡不熟悉其操作方法的仪器，不得随意动用；对贵重仪器必须先熟知其使用方法，才能开始使用；仪器发生故障时，应立即关闭电源，不得擅自拆修。

7. 实验完毕，将使用过的有关仪器和器材洗净放好，保持实验台面、称量台、药品架、水池以及各种实验仪器内外的清洁及整齐。

8. 未经实验教师批准，实验室内一切物品严禁携带到室外，借用物品必须办理登记手续。

9. 爱护公物，节约水、电、试剂，遵守损坏仪器“报告、登记、赔偿”制度。打破玻璃仪器要及时向教师报告，自觉登记，并在学期结束时按规定进行赔偿。

10. 实验室内严禁吸烟、饮水和进食。易燃液体不得接近明火和电炉，凡产生烟雾、有害气体和不良气味的实验，均应在通风条件下进行。

11. 严格遵守实验室安全用电规则和其他安全规则。不能直接加热乙醇、丙酮、乙醚等易燃品，需要使用时要远离火源操作和放置。

12. 极少量废弃液体（强酸、强碱溶液必须先用水稀释）可倒入水槽内同时放水冲走，大量废液须倒入指定废液收集缸内。废纸、火柴梗及其他固体废弃物和带有渣滓沉淀的废弃物都应倒入废品缸内，不能倒入水槽内或到处乱扔。电泳后的凝胶和各种废物不得倒入水池，只能倒入废物缸。

13. 实验完毕，应立即关闭各种仪器电源，关闭各类阀门。离开实验室前应认真检查，严防安全事故的发生。

14. 每次实验完毕，值日生要认真做好实验室的卫生工作，同时再次认真检查实验室是否安全，确认电源、火源、水源阀门是否关闭，离开实验室时要关好门窗及排风系统等。

15. 实验后，要及时完成实验报告。

三、食品生物化学实验报告要求

1. 实验报告书写要求及参考格式

实验报告是实验的总结和汇报，通过实验报告可以分析总结实验的经验和问题，学会处理各种实验数据的方法，加深对有关食品生物化学实验技术原理的理解和掌握。同时也是学习撰写科学研究论文的过程。

2. 实验报告的格式

实验编号　　　　名称　　　　实验者班级、姓名　　　　年　月　日

（1）实验目的

（2）实验原理

（3）实验试剂与器材

（4）实验步骤

（5）实验结果与分析

实验报告需具备准确、客观、简洁、明了四个特点。实验报告的写作水平也是衡量学生实验成绩的一个重要方面。实验报告必须独立完成，严禁抄袭。写实验报告要用实验报告专用纸，不可用练习本和其他纸张。

为了使实验结果能够重复，必须详细记录实验现象的所有细节。例如，若实验中生成沉淀，那么沉淀的真实颜色是白色、淡黄色或是其他颜色；沉淀的量是多还是少，是胶状还是颗粒状；什么时候形成沉淀，立即生成还是缓慢生成，加热时生成还是冷却时生成等。在科学研究中，仔细观察，特别注意那些未料想到的实验现象是十分重要的，这些观察常常引导意外的发现。思考并注意分析实验中的真实发现，是非常重要的科学研究训练。

3. 实验报告的内容

实验报告使用的语言要简明清楚，抓住关键，各种实验数据都要尽可能整理成表格并作图表示，以便比较。对实验作图尤其要严格要求，必须使用坐标纸，每个图都要有明显的标题，坐标轴的名称要清楚完整，要注明合适的单位，坐标轴的标值要与有效数字相符，并尽

可能简明，若数字太大，可以化简，并在坐标轴的单位上以科学计数法表示。实验点要使用专门设计的符号，如□、■、Δ、▲等，符号的大小要与实验数据的误差相符，不要用“×”“+”等。有时也可用两端有小横线的垂直线段来表示实验点，其线段的长度应与实验误差相符。通常横轴是自变量，纵轴是因变量，是测量的数据。曲线要用曲线板或曲线尺画成光滑连续的曲线，各实验点均匀分布在曲线上和曲线两边，且曲线不可超越最后一个实验点。两条以上的曲线和符号应有说明。

4. 实验结果

实验结果的讨论要充分，尽可能多查阅一些有关的文献资料，充分运用已学过的知识和食品生物化学原理进行深入探讨，敢于提出自己独到的分析和见解，并客观地对实验提出改进意见。

第一章 水分

CHAPTER 1

实验一　水分含量测定

一、实验目的

学习并掌握水分含量的测定方法。

二、实验原理

食品水分含量的测定分为直接测定法和间接测定法两大类。直接测定法一般是采用烘干、化学干燥、蒸馏、提取或其他物理化学方法去除样品中的水分，再用称量等方法定量。这类方法精确度高、重复性好，但耗费时间较多，且主要靠人工操作。水分的直接测定法在实验室中广泛应用。常用的有烘干法、化学干燥法、共沸法、卡尔·费休法、折射法等。间接测定法并不将样品中的水分除去，而是采用湿固体的参数来代替，这些参数与样品中的水分含量有直接关系，可以设计各种仪器来测量这些参数。间接法所得结果的精确度一般比直接法低，而且需要校正，但间接法速度快，可以自动连续测量，可用于食品工业生产过程中水分含量的自动控制。常见的间接测定法有电导率法、介电容量法、微波吸收法等多种。本实验主要采取直接干燥法。

食品中的水分一般是指在100℃左右直接干燥的情况下，所失去物质的总量。直接干燥法适用于在温度95~105℃条件下，对热稳定，不含或含其他挥发性物质甚微的食品。

三、实验试剂与器材

1. 试剂

（1）6mol/L 盐酸　量取 100mL 盐酸，加水稀释至 200mL。

（2）6mol/L 氢氧化钠溶液　称取 24g 氢氧化钠，加水溶解并稀释至 100mL。

（3）海沙　取用水洗去泥土的海沙或河沙，先用 6mol/L 盐酸煮沸 0.5h，用水洗至中性，再用 6mol/L 氢氧化钠溶液煮沸 0.5h，用水洗至中性，经 105℃干燥备用。

2. 器材

扁形铝制或玻璃制称量瓶、电热恒温干燥箱、小玻璃棒、干燥器。

四、实验步骤

1. 固体试样

取洁净称量瓶，置于95~105℃干燥箱中，瓶盖斜支于瓶边加热0.5~1.0h，取出盖好，置于干燥器内冷却0.5h，称量，并重复干燥至恒重。称取2.00~10.00g切碎或磨细的试样，放入此称量瓶中，试样厚度约为5mm。加盖，精密称量后，置于95~105℃干燥箱中，瓶盖斜支于瓶边，干燥2~4h后，放入干燥器内冷却0.5h后称量。然后再放入95~105℃干燥箱中干燥1h左右，取出，放入干燥器内冷却0.5h后再称量。反复操作至前后两次质量差不超过2mg，即为恒重。

2. 半固体或液体试样

取洁净的蒸发皿，内加10.0g海沙及1根小玻璃棒，置于95~105℃干燥箱中，干燥0.5~1.0h后取出，置于干燥器内冷却0.5h后称量，并重复干燥至恒重。然后精密称取5.00~10.00g试样，置于蒸发皿中，用小玻璃棒搅匀放在沸水浴上蒸干，并随时搅拌，擦去皿底的水滴，置于95~105℃干燥箱中干燥4h后，取出，放入干燥器内冷却0.5h后称量。后续按固体试样方法操作。

注意事项：

（1）水分测定的称量恒重是指前后两次称量的质量差不超过2mg，或在重复性条件下，获得的两次独立测定结果差的绝对值不得超过算术平均值的5%。

（2）易分解或焦化的样品，可适当降低温度或缩短干燥时间。

（3）糖类，特别是果糖，对热不稳定。当温度超过70℃时，糖类会发生氧化分解。因此，蜂蜜、果酱、水果及其制品等果糖含量较高的样品，宜采用减压干燥法。

五、实验结果与分析

实验计算，如式（1-1）所示。

$$X = \frac{m_1 - m_2}{m_1 - m_3} \times 100 \tag{1-1}$$

式中 X——试样中水分的含量,%；

m_1——称量瓶（或蒸发皿加海沙、玻璃棒）和试样的质量，g；

m_2——称量瓶（或蒸发皿加海沙、玻璃棒）和试样干燥后的质量，g；

m_3——称量瓶（或蒸发皿加海沙、玻璃棒）的质量，g。

计算结果保留3位有效数字。

思考题

1. 采用直接干燥法测得的食品中的水分是什么类型的水？
2. 对于含较多氨基酸、蛋白质及羰基化合物的样品，如何测定其水分含量？

实验二　食品水分活度测定（康威法）

一、实验目的

1. 进一步了解水分活度的概念和扩散法测定水分活度的原理；
2. 学会扩散法测定食品中水分活度的操作技术。

二、实验原理

食品中的水分随环境条件的变动而变化。当环境空气的相对湿度低于食品的水分活度（A_w）时，食品中的水分向空气中蒸发，食品的质量减轻；相反，当环境空气的相对湿度高于食品的水分活度时，食品就会从空气中吸收水分，使质量增加。不管是蒸发水分还是吸收水分，最终以食品和环境的水分达到平衡为止。据此原理，采用标准水分活度的试剂，形成相应湿度的空气环境，在密封和恒温条件下，观察食品试样在此空气环境中因水分变化而引起的质量变化，通常使试样分别在 A_w 较高、中等和较低的标准饱和盐溶液中扩散平衡后，根据试样质量的增加（即在较高 A_w 标准饱和盐溶液达平衡）和减少（即在较低 A_w 标准饱和盐溶液达平衡）的量，计算试样的 A_w，食品试样放在以此为相对湿度的空气中时，既不吸湿也不解吸，即其质量保持不变。标准饱和盐溶液的 A_w 见表 1-1。

表 1-1　标准饱和盐溶液的 A_w（25℃）

试剂名称	A_w	试剂名称	A_w	试剂名称	A_w
硝酸钾	0.924	硝酸钠	0.737	碳酸钾	0.427
氯化钡	0.901	氯化锶	0.708	氯化镁	0.330
氯化钾	0.842	溴化钠	0.577	乙酸钾	0.224
溴化钾	0.807	硝酸镁	0.528	氯化锂	0.110
氯化钠	0.752	硝酸锂	0.476	氢氧化钠	0.070

三、实验试剂与器材

1. 材料

各种水果、蔬菜等食品。

2. 试剂

凡士林，至少 3 种标准饱和盐溶液。

3. 器材

分析天平、恒温箱、康威氏微量扩散皿、坐标纸、小玻璃皿或小铝皿（直径 25～28mm、深度 7mm）。

四、实验步骤

1. 在3个康威氏微量扩散皿的外室分别加入 A_w 高、中、低的3种标准饱和盐溶液5.0mL，并在磨口处涂1层凡士林。

2. 将3个小玻璃皿准确称重，然后分别称取约1g的试样于皿内（准确至0.1mg，每皿试样质量应相近）。迅速依次放入上述3个康威氏微量扩散皿的内室中，迅速加盖密封，并于（25±0.5）℃的恒温箱中放置（2.0±0.5）h，然后记录每个扩散皿中小玻璃皿和试样的总质量。

3. 取出小玻璃皿准确称重，以后每隔30min称重一次，至恒重为止。记录每个康威氏微量扩散皿中小玻璃皿和试样的总质量。

注意事项：

（1）对试样的水分活度范围预先有一估计，以便正确选择标准饱和盐溶液。

（2）测定时也可选择2种或4种标准饱和盐溶液（水分活度大于或小于试样的标准盐溶液各1种或2种）。

（3）称量样品时应迅速，各份样品称量应在同一条件下进行。

（4）应保证康威氏微量扩散皿具有良好的密封性。

五、实验结果与分析

计算每个康威氏微量扩散皿中试样的质量增减值。以各种标准饱和盐溶液在25℃时的 A_w 为横坐标，被测试样的增减质量 Δm 为纵坐标作图。并将各点连接成一条直线，此线与横坐标的交点即为被测试样的 A_w。

思考题

水分活度在食品工业生产中有何意义？

实验三　食品水分活度测定（水分活度测定仪）

一、实验目的

学会水分活度测定仪测定食品中水分活度的操作技术。

二、实验原理

水分活度近似地表示为在某一温度下溶液中水蒸气分压与纯水蒸气压之比值。拉乌尔定律指出，当溶质溶于水时，水分子与溶质分子产生相互作用而结合，从而减少水分子从液相进入气相的逸度，使溶液的蒸气压降低，稀溶液蒸气压降低程度与溶质的摩尔分数成正比。水分活度也可用平衡时大气的相对湿度（ERH）来计算。

水分活度测定仪主要是在一定温度下利用仪器装置中的湿敏元件，根据食品中水蒸气压力的变化，从仪器表头上读出指针所示的水分活度。

三、实验试剂与器材

1. 材料

苹果块、市售蜜饯、面包、饼干。

2. 试剂

氯化钡饱和溶液。

3. 器材

AW-1 型智能水分活度测定仪、电子天平。

四、实验步骤

1. 将捣碎的样品（约 2g）及等质量的纯水迅速放入测试盒内，拧紧盖子密封，并通过转接电缆插入“纯水”及“样品”插孔。固体样品应碾碎成米粒大小，并摊平在盒底。

2. 把稳压电源输出插头插入“外接电源”插孔（如果不外接电源，则可使用直流电），打开电源开关，预热 15min，如果显示屏上出现“E”，表示溢出，此时应按“清零”按钮。

3. 调节“校正 II”电位器，使显示屏显示为 100. 00±0. 05。

4. 按下“活度”开关，调节“校正 I”电位器，使显示屏显示为 1. 000±0. 001。

5. 等测试盒内平衡 30min 后（若室温低于 25℃，则须平衡 50min），按下相应的“样品测定”开关，即可读出样品的水分活度（A_w）（读数时，取小数点后 3 位）。

6. 测量相对湿度时，将“活度”开关复位，然后按相应的“样品测定”开关，显示的数值即为所测空间的相对湿度。

7. 关机，清洗并吹干测试盒，放入干燥剂，盖上盖子，拧紧密封。

注意事项：

（1）在测定前，仪器一般用标准溶液进行校正。

（2）若环境不同，应对标准值进行修正。
（3）测定时切勿使湿敏元件沾上样品盒内样品。
（4）每次测量时间不应超过 1h。

五、实验结果与分析

记录不同样品的水分活度。

思考题

1. 测定水分活度的方法有哪些，各自原理有何区别？
2. 水分含量和水分活度之间有何关系？
3. 食品的水分活度对食品的贮藏性能有何影响？

实验四　糖含量对柑橘汁水分活度的影响

一、实验目的

通过实验研究，了解不同糖含量对柑橘水分活度的影响程度，并掌握水分活度的测定方法。

二、实验原理

食品中水分活度受温度和食品中非水成分的影响，在一定温度下，食品中非水成分越多且非水成分与水结合力越强，则食品的水分活度就越小。

三、实验试剂与器材

1. 材料

柑橘。

2. 试剂

蔗糖。

3. 器材

烧杯、打浆机、电子天平等。

四、试验步骤

1. 榨取柑橘汁

称取 600g 柑橘，去皮，将柑橘瓣放入打浆机中，添加 200mL 蒸馏水，打浆、过滤，得柑橘汁。

2. 制取不同蔗糖含量的柑橘汁

准确称取柑橘汁 50g，共 6 份。分别在柑橘汁中添加不同质量的蔗糖，使其蔗糖含量分别为 0g/50g 柑橘汁、2g/50g 柑橘汁、4g/50g 柑橘汁、6g/50g 柑橘汁、8g/50g 柑橘汁、10g/50g 柑橘汁，在室温下充分搅拌溶解。

3. 测定各柑橘汁的水分活度

测定各柑橘汁的水分活度，参见第一章实验二和实验三的方法。

五、实验结果与分析

将实验结果记录在表 1-2 中。

表 1-2　不同蔗糖含量柑橘汁对应的水分活度

	蔗糖含量/（g/50g 柑橘汁）					
	0	2	4	6	8	10
水分活度（A_w）						

思考题

1. 随着蔗糖含量的增加，柑橘汁水分活度发生了怎样的变化？
2. 为什么柑橘汁的蔗糖含量会影响水分活度？
3. 影响食品中水分活度的因素有哪些？

第二章 糖类

CHAPTER 2

实验一　糖的颜色反应和还原性鉴定

一、实验目的

1. 掌握糖的颜色反应原理，学习应用糖的颜色反应鉴别糖类的方法；
2. 学习几种常用的鉴定糖类还原性的方法及原理。

二、实验原理

1. 颜色反应

（1）α-萘酚反应（莫利希反应）　糖在浓无机酸（硫酸、盐酸）作用下，脱水生成糠醛及糠醛衍生物，后者能与 α-萘酚生成紫红色物质。因糠醛及糠醛衍生物对此反应均呈阳性，故此反应不是糖类的特异反应。

（2）间苯二酚反应（塞氏反应）　在酸作用下，酮糖脱水生成羟甲基糠醛，后者再与间苯二酚作用生成红色物质。此反应是酮糖的特异反应，醛糖在同样条件下呈色反应缓慢。只有在糖浓度较高或煮沸时间较长时，才呈微弱的阳性反应。在实验条件下，蔗糖有可能水解而呈阳性反应。

2. 还原反应

福林试剂和班氏试剂均为含 Cu^{2+} 的碱性溶液，能使具有自由醛基或酮基的糖氧化，其本身被还原成红色或黄色的 Cu_2O，此法常用于还原糖的定性或定量测定。

三、实验试剂与器材

1. 试剂

浓硫酸、10g/L 蔗糖溶液、10g/L 葡萄糖溶液、10g/L 淀粉溶液、10g/L 果糖溶液、10g/L 麦芽糖溶液、蒸馏水、棉花或滤纸。

（1）莫氏试剂（50g/L α-萘酚的乙醇溶液）　称取 α-萘酚 5g，溶于 95% 乙醇中，使总体积达 100mL，贮于棕色瓶内，用前配制。

（2）塞氏试剂（0.5g/L间苯二酚-盐酸溶液） 称取间苯二酚0.05g溶于30mL浓盐酸中，再用蒸馏水稀释至100mL。

（3）福林试剂

甲液（硫酸铜溶液）：称取34.5g硫酸铜（$CuSO_4 \cdot 5H_2O$）溶于500mL蒸馏水中。

乙液（碱性酒石酸盐溶液）：称取125g氢氧化钠和137g酒石酸钾钠溶于500mL蒸馏水中。

（4）班氏试剂 称取柠檬酸钠173g及无水碳酸钠100g加入600mL蒸馏水中，加热使其溶解，冷却，稀释至850mL。另称取1.47g无水硫酸铜溶解于100mL热蒸馏水中，冷却，稀释至150mL。最后，将硫酸铜溶液徐徐加入柠檬酸钠-碳酸钠溶液中，边加边搅拌，混匀，如有沉淀应过滤，贮存于试剂瓶中可长期使用。

2. 器材

水浴锅、试管、试管架、试管夹、滴管、电炉。

四、实验步骤

1. 颜色反应

（1）α-萘酚反应 取5支试管对应做好标记，分别加入10g/L葡萄糖溶液、10g/L果糖溶液、10g/L蔗糖溶液、10g/L淀粉溶液各1mL和少量纤维素（滤纸或棉花浸于1mL水中），然后各加入莫氏试剂2滴，勿使试剂接触试管壁，摇匀后将试管倾斜，沿试管壁慢慢加入1.5mL浓硫酸（切勿振摇），慢慢直起试管。浓硫酸在试液下形成2层。观察硫酸与糖溶液的液面交界处，有无紫红色环出现。

（2）间苯二酚反应 取3支试管，分别加入10g/L葡萄糖溶液、10g/L果糖溶液、10g/L蔗糖溶液各0.5mL。再向各试管分别加入塞氏试剂5mL，混匀。将3支试管同时放入沸水浴中，注意观察，记录各试管颜色的变化及变化时间。

2. 还原反应

（1）于5支试管中分别加入福林试剂甲液和乙液各1mL，混匀后，分别加入10g/L葡萄糖溶液、10g/L蔗糖溶液、10g/L果糖溶液、10g/L麦芽糖溶液和10g/L淀粉溶液各1mL，置于沸水浴中加热数分钟，取出，观察各试管的变化。

（2）另取5支试管，分别加入10g/L葡萄糖溶液、10g/L蔗糖溶液、10g/L果糖溶液、10g/L麦芽糖溶液和10g/L淀粉溶液各1mL，然后每支试管加班氏试剂2mL，置于沸水浴中加热数分钟，取出，冷却，和上面结果比较。

五、实验结果与分析

糖的颜色反应和还原性鉴定结果，如表2-1所示。

表2-1 糖颜色反应和还原性鉴定

试剂	10g/L葡萄糖溶液	10g/L蔗糖溶液	10g/L淀粉溶液	10g/L果糖溶液	10g/L麦芽糖（或纤维素）溶液
莫氏试剂					
塞氏试剂					

续表

试剂	10g/L 葡萄糖溶液	10g/L 蔗糖溶液	10g/L 淀粉溶液	10g/L 果糖溶液	10g/L 麦芽糖（或纤维素）溶液
班氏试剂					
福林试剂					

思考题

1. 观察每支试管中物质反应结果是否存在差异？为什么？
2. 测定还原糖的方法有哪些，原理上有何不同？

实验二　还原糖和总糖测定（3,5-二硝基水杨酸比色法）

一、实验目的

1. 掌握还原糖和总糖定量测定的基本原理，学习比色定糖法的基本操作；
2. 熟悉 721 型分光光度计的使用方法。

二、实验原理

各种单糖和麦芽糖是还原糖，蔗糖和淀粉是非还原糖。利用溶解度不同，可将植物样品中的单糖、双糖和多糖分别提取出来，再用酸水解法使没有还原性的双糖和多糖彻底水解成有还原性的单糖。在碱性条件下，还原糖将 3,5-二硝基水杨酸（DNS）还原为 3-氨基-5-硝基水杨酸（棕红色物质），还原糖则被氧化成糖酸及其他产物，在一定范围内，还原糖的量与棕红色物质深浅的程度呈一定的比例关系，在 540nm 波长下测定棕红色物质的吸光度，查对标准曲线并计算，便可分别求出样品中还原糖和总糖的含量。多糖水解时，在单糖残基上加了一分子水，因此在计算中须扣除已加入的水量，将测定所得的总糖量乘 0.9 即为实际的总糖量。

三、实验试剂与器材

1. 材料

食用面粉。

2. 试剂

6mol/L 盐酸、6mol/L 氢氧化钠。

（1）1mg/mL 葡萄糖标准液　准确称取 100mg 分析纯葡萄糖（预先在 80℃ 烘至衡重），置于小烧杯中，用少量蒸馏水溶解后，定量转移至 100mL 容量瓶中，以蒸馏水定容至刻度，摇匀，冷藏保存备用。

（2）3,5-二硝基水杨酸（DNS）试剂　将 6.3g 3,5-二硝基水杨酸和 262mL 2mol/L 氢氧化钠溶液，加到 500mL 含有 185g 酒石酸甲钠的热水溶液中，再加入 5g 结晶酚和 5g 亚硫酸钠，搅拌溶解。冷却后加蒸馏水定容至 1000mL，贮于棕色瓶中备用。

（3）碘-碘化钾溶液　称取 5g 碘和 10g 碘化钾，溶于 100mL 蒸馏水中。

（4）酚酞指示剂　称取 0.1g 酚酞，溶于 250mL 70%乙醇中。

3. 器材

25mL 血糖管或刻度试管、大离心管或玻璃漏斗、100mL 烧杯、100mL 三角瓶、100mL 容量瓶、移液管、水浴锅、离心机、电子天平、分光光度计。

四、实验步骤

1. 制作葡萄糖标准曲线

取 7 支具有 25mL 刻度的血糖管或试管，编号，按表 2-2 所示的量，精确加入 1mg/mL 葡萄糖标准液和 3,5-二硝基水杨酸试剂。

表 2-2　　葡萄糖标准曲线的制作　　单位：mL

试剂	试管编号						
	0	1	2	3	4	5	6
1mg/mL 葡萄糖标准液	0.0	0.2	0.4	0.6	0.8	1.0	1.2
蒸馏水	2.0	1.8	1.6	1.4	1.2	1.0	0.8
DNS	1.5	1.5	1.5	1.5	1.5	1.5	1.5

将各管摇匀，在沸水浴中加热 5min，取出后立即放入盛有冷水的烧杯中冷却至室温，再以蒸馏水定容至 25mL 刻度处，用橡皮塞塞住管口，颠倒混匀（如用大试管，则向每管加入 21.5mL 蒸馏水，混匀）。在 540nm 波长下，用 0 号管调零，分别读取 1~6 号管的吸光度。以吸光度为纵坐标，管中葡萄糖质量（mg）为横坐标，绘制标准曲线。

2. 样品中还原糖和总糖的测定

（1）样品中还原糖的提取　准确称取 2g 面粉，放在 100mL 烧杯中，先以少量的蒸馏水调成糊状，然后加 50mL 蒸馏水，搅匀，置于 50℃ 恒温水浴中保温 20min，使还原糖浸出。离心或过滤，用 20mL 蒸馏水洗残渣，再离心或过滤，将两次离心的上清液或滤液全部收集在 100mL 的容量瓶中，用蒸馏水定容至刻度，混匀，作为还原糖待测液。

（2）样品中总糖的水解和提取　准确称取 1g 面粉，放在 100mL 三角瓶中，加入 10mL 6mol/L 盐酸及 15mL 蒸馏水，置于沸水浴中加热水解 30min。取 1~2 滴水解液于白瓷板上，加 1 滴碘-碘化钾溶液，检查水解是否完全。如已水解完全，则不显蓝色。待三角瓶中的水解液冷却后，加入 1 滴酚酞指示剂，以 6mol/L 氢氧化钠中和至微红，过滤，再用少量蒸馏水冲洗三角瓶及滤纸，将滤液全部收集在 100mL 容量瓶中，用蒸馏水定容至刻度，混匀。精确吸取 10mL 定容过的水解液，移至另一个 100mL 容量瓶中，定容，混匀，作为总糖待测液。

（3）显色和比色　取 5 支 25mL 刻度的血糖管或刻度试管，编号，按表 2-3 所示的量，精确加入待测液和试剂。

表 2-3　　还原糖和总糖的测定　　单位：mL

样液	还原糖测定管号		总糖测定管号		
	①	②	Ⅰ	Ⅱ	Ⅲ
还原糖待测液	2	2	0	0	0
总糖待测液	0	0	1	1	0
蒸馏水	0	0	1	1	2
DNS	1.5	1.5	1.5	1.5	1.5

五、实验结果与分析

以管①、管②的吸光度平均值和管Ⅰ、管Ⅱ的吸光度的平均值，分别在标准曲线查出相应的还原糖质量（mg）。按式（2-1）、式（2-2）计算出样品中还原糖和总糖的百分含量。

$$还原糖含量（\%）=\frac{还原糖质量(g)\times 测定时取用体积(mL)/提取液总体积(mL)}{样品质量（g）}\times 100 \quad (2-1)$$

$$总糖含量（\%）=\frac{水解后还原糖质量(g)\times 稀释倍数}{样品质量（g）}\times 0.9\times 100 \quad (2-2)$$

思考题

1. DNS 方法测定原理是什么？
2. 总糖和还原糖的计算公式是如何推导出来的？

实验三 蔗糖转化度测定

一、实验目的

1. 了解旋光仪的基本原理，掌握其使用方法；
2. 掌握物质旋光性、比旋光度及旋光度的定义及其测定方法；
3. 了解蔗糖旋光度的测定，在酸性条件下蔗糖发生的转化现象及转化度的测定。

二、实验原理

蔗糖水溶液在有 H^+存在时，将发生水解反应生成葡萄糖与果糖，其反应为：

$$C_{12}H_{22}O_{11}\text{（蔗糖）}+H_2O \xrightarrow{H^+} C_6H_{12}O_6\text{（葡萄糖）}+C_6H_{12}O_6\text{（果糖）}$$

蔗糖在水中进行水解反应时，蔗糖是右旋的，水解的混合物中有左旋的，所以偏振面将由右边旋向左边。偏振面转移的角度称为旋光度，用 α 表示。溶液的旋光度与溶液所含旋光物质的旋光能力、溶剂性质、溶液浓度、样品管长度及温度等因素有关。当其他条件固定时，旋光度 α 与溶液反应浓度 c 呈线性关系，如式（2-3）所示。

$$\alpha = Kcl \tag{2-3}$$

式中 α——旋光度，°；

K——比例常数，与物质的旋光能力、溶剂性质、溶液浓度、光源、温度等因素有关，并且溶液的旋光度是各组分旋光度之和；

c——溶液反应浓度，g/mL；

l——液层厚度。

为了比较各种物质的旋光能力，引入比旋光度这一概念，比旋光度可表示为：

$$[\alpha]_D^{20} = \frac{\alpha}{Lc} \tag{2-4}$$

式中 α——仪器测得的旋光度，°；

L——样品管的长度，dm；

c——样品质量浓度，g/100mL。

反应物蔗糖是右旋性物质，其比旋光度为右旋 66. 5°，生成物中的葡萄糖也是右旋性物质，其比旋光度为右旋 52. 5°，果糖是左旋物质，其比旋光度为左旋 92. 5°。由于生成物中果糖的左旋性比葡萄糖右旋性大，所以生成物呈现左旋性质。因此随着反应的不断进行，体系的右旋旋光度将不断减小，在反应进行到某瞬间时，体系的旋光度恰等于零，随后为左旋旋光度逐渐增大，直到蔗糖完全转化，体系的左旋旋光度达到最大值 α_∞，这种变化称为转化，蔗糖水解液因此也称为转化糖浆。

蔗糖转化度指的是蔗糖水解产生葡萄糖的质量与蔗糖最初质量比值的百分数。通过测定蔗糖水解液的旋光度，就可以计算蔗糖的转化度。

三、实验试剂与器材

1. 材料

新鲜配制的蔗糖溶液（如有浑浊应过滤）。

2. 试剂

4.00mol/L 盐酸。

3. 器材

旋光仪、旋光管、电子天平、50mL 量杯、烧杯、移液管、50mL 容量瓶、三角瓶、温度计、计时器。

四、实验步骤

1. 旋光仪的校正

蒸馏水为非旋光性物质，可用来校正旋光仪。校正时，首先应将旋光管洗净，用蒸馏水润洗旋光管两次，由加液口加入蒸馏水至满。旋光管中若有气泡应先让气泡浮在凸颈处。在旋紧螺丝帽盖时不宜用力过猛，以免将玻璃片压碎，旋光管的螺丝帽盖不宜旋得过紧，以防产生应力而影响读数的正确性。随后用滤纸将管外的水吸干，将旋光管两端的玻璃片用擦镜纸擦干净，然后将旋光管放入旋光仪的样品室中，盖上箱盖。打开示数开关，调节零位手轮，使旋光示值应为零，按下“复测”键钮，旋光示值应为零，重复上述操作 3 次，待示数稳定后，即校正完毕。注意，每次进行测定时，旋光管安放的位置和方向都应当保持一致。

2. 旋光度的测定

取质量浓度为 0.2g/mL 的蔗糖溶液 25mL 与 25mL 4.00mol/L 盐酸溶液混合，并迅速以此混合液润洗旋光管两次，然后装满旋光管，旋紧螺丝帽盖。拭去管外的溶液，然后将旋光管放入旋光仪的样品室中，盖上箱盖。打开示数开关，开始测定旋光度。以开始时刻为 t_0，每隔 5min 读数一次，测定时间 30min。取质量浓度为 0.2g/mL 的蔗糖溶液 25ml，与 25mL 4.00mol/L 盐酸溶液混合在烧杯中用水浴加热，水浴温度为 50℃，保温 30min。然后冷却至室温，测得旋光度。

注意事项：

（1）本实验中，旋光度的测定应当使用同一台仪器和同一旋光管，并且在旋光仪中放置旋光管的位置和方向都必须保持一致。

（2）实验中所用的盐酸对旋光仪和旋光管的金属部件有腐蚀性，实验结束时，必须将其彻底洗净，并用滤纸吸干水分，以保持仪器和旋光管的洁净和干燥。

（3）本实验除了用氢离子作催化剂外，也可用蔗糖酶催化。后者的催化效率更高，并且用量大大减少。如用蔗糖酶液［3~5U/mL，酶活力（U）即在室温、pH 4.5 条件下，每分钟水解产生 1μmol 葡萄糖所需的酶量］，其用量仅为 2mol/L 盐酸溶液用量的 1/50。

（4）本实验用盐酸作为催化剂（浓度保持不变）。如改变盐酸浓度，其蔗糖转化速率也随着改变。

（5）温度对本实验的影响很大，所以应严格控制反应温度，在反应过程中应记录实验室内气温变化，计算平均实验温度。

五、实验结果与分析

实验数据记录于表 2-4 中。

根据旋光度、比旋光度和蔗糖转化度的定义，计算蔗糖的转化度。

表 2-4　　实验结果记录表

实验温度/℃:　　盐酸浓度/（mol/L）:　　大气压/Pa:

	时间/min						
	0	5	10	15	20	25	30
旋光度							
蔗糖的转化度/%							

思考题

1. 旋光仪使用时的操作要点有哪些?
2. 旋光法适用于测定哪类物质溶液的浓度?

实验四 淀粉含量测定

一、实验目的

1. 明确与掌握各类食品中淀粉含量的测定原理及测定方法；
2. 掌握用酶水解法和酸水解法测定淀粉含量的方法。

二、实验原理

样品经除去脂肪及可溶性糖类后，其中的淀粉用淀粉酶水解成双糖，再用盐酸将双糖水解成单糖，最后按还原糖测定，并折算成淀粉含量。

三、实验试剂与器材

1. 试剂

乙醚、85%乙醇、200g/L 氢氧化钠溶液。

（1）甲基红指示液（2g/L） 称取甲基红 0.2g，用少量乙醇溶解后，定容至 100mL。

（2）5g/L 淀粉酶溶液 称取淀粉酶 0.5g，加 100mL 水溶解，滴入数滴甲苯或三氯甲烷，防止长霉，贮于冰箱中或现配现用。

（3）碘溶液 称取 3.6g 碘化钾溶于 20mL 水中，加入 1.3g 碘，溶解后加水稀释至 100mL。

（4）6mol/L 盐酸 量取 50mL 盐酸加水稀释至 100mL。

（5）碱性酒石酸铜甲液 称取 15.00g 硫酸铜（$CuSO_4 \cdot 5H_2O$）及 0.05g 亚甲基蓝，溶于水并定容到 1000mL。

（6）碱性酒石酸铜乙液 称取 50.00g 酒石酸钾钠与 75.00g 氢氧化钠，加适量水溶解，再加入 4g 亚铁氰化钾，完全溶解后，用水定容至 1000mL。贮存于橡胶塞玻璃瓶内。

（7）葡萄糖标准溶液 准确称取 1.0000g 经过 98~100℃干燥 2h 的葡萄糖，加水溶解后加入 5mL 盐酸，并以水定容至 1000mL。此溶液每毫升相当于 1.0mg 葡萄糖。

2. 器材

水浴锅、滴定管等。

四、实验步骤

1. 样品处理

称取 2~5g 样品，置于放有折叠滤纸的漏斗内，先用 50mL 乙醚分 5 次洗除脂肪，再用约 100mL 85%乙醇洗去可溶性糖类，将残留物移入 250mL 烧杯内，并用 50mL 水洗滤纸及漏斗，洗液并入烧杯内，将烧杯置于沸水浴上加热 15min，使淀粉糊化，放冷至 60℃以下，加 20mL 淀粉酶溶液，在 55~60℃保温 1h，并时时搅拌。然后取 1 滴酶解液加 1 滴碘溶液，应不显现蓝色，若显蓝色，再加热糊化并加 20mL 淀粉酶溶液，继续保温，直至加碘不显蓝色为止。

加热至沸，冷后移入 250mL 容量瓶中，并加水至刻度，混匀，过滤，弃去初滤液。取

50mL 滤液，置于 250mL 锥形瓶中，并加水至刻度，置于沸水浴中回流 1h，冷后加 2 滴甲基红指示液，用 200g/L 氢氧化钠溶液中和至中性，将溶液转入 100mL 容量瓶中，洗涤锥形瓶，洗液并入 100mL 容量瓶中，加水至刻度，混匀备用。

2. 测定

（1）标定碱性酒石酸铜溶液　吸取 5.0mL 碱性酒石酸铜甲液及 5.0mL 碱性酒石酸乙液，置于 150mL 锥形瓶中，加水 10mL，加入玻璃珠 2 粒，从滴定管加约 9mL 葡萄糖，控制在 2min 内加热至沸，趁沸以 1 滴/s 的速度继续滴加葡萄糖，直至溶液蓝色刚好褪去为终点，记录消耗葡萄糖标准溶液的总体积，同时做 3 次平行实验，取其平均值，计算每 10mL（甲液、乙液各 5mL）碱性酒石酸铜溶液相当于葡萄糖的质量。

注意：也可按上述方法标定 4~20mL 碱性酒石酸铜溶液（甲液、乙液各半）来适应试样中还原糖的浓度变化。

（2）试样溶液预测　吸取 5.0mL 碱性酒石酸铜甲液及 5.0mL 碱性酒石酸乙液，置于 150mL 锥形瓶中，加水 10mL，加入玻璃珠 2 粒，加热至沸控制在 2min 内，保持沸腾，以先快后慢的速度从滴定管中滴加试样溶液，并保持溶液沸腾，待溶液颜色变浅时，以 1 滴/s 的速度滴定，直至溶液蓝色刚好褪去为终点，记录样液消耗体积。当样液中还原糖浓度过高时，应适当稀释后再进行正式测定，使每次滴定消耗样液的体积控制在与标定碱性酒石酸铜溶液时所消耗的还原糖标准溶液的体积相近，在 10mL 左右。

（3）试样溶液测定　吸取 5.0mL 碱性酒石酸铜甲液及 5.0mL 碱性酒石酸乙液，置于 150mL 锥形瓶中，加水 10mL，加入玻璃珠 2 粒，从滴定管滴加比预测体积少 1mL 的试样溶液至锥形瓶中，在 2min 内加热至沸，保持沸腾。以 1 滴/s 的速度滴定，直至溶液蓝色刚好褪去为终点，记录样液消耗体积，同法平行操作 3 次，得出平均消耗体积。

同时量取 50mL 溶剂与试样处理时相同量的淀粉酶溶液，按同一方法做空白试验。

五、实验结果与分析

$$X_1=\frac{(A_1-A_2)\times 0.9}{m_1\times(50/250)\times(V_1/100)\times 1000}\times 100 \tag{2-5}$$

式中　X_1——样品中淀粉的含量，%；

A_1——测定用样品中还原糖的含量，mg；

A_2——试剂空白中还原糖的含量，mg；

0.9——还原糖（以葡萄糖计）换算成淀粉的换算系数；

m_1——称取样品质量，g；

V_1——测定用样品处理液的体积，mL。

计算结果保留小数点后 1 位。

思考题

1. 影响淀粉含量测定的因素有哪些？
2. 测定淀粉含量的方法及原理有哪些？

实验五 柚皮中果胶的分离制备与应用

果胶的提取

一、实验目的

1. 了解果胶的性质；
2. 掌握果胶的提取方法。

二、实验原理

果胶物质属于碳水化合物的衍生物，多数人认为果胶物质是主要由半乳糖醛酸和鼠李糖等聚合而成的杂多糖。

果胶是以D-吡喃半乳糖醛酸为基本组成单元，并以α-1,4糖苷键连接起来形成的多聚半乳糖醛酸，相对分子质量为50000~300000。

果胶物质通常以部分甲基化形式存在，根据其结构和性质的差异，可分为原果胶、果胶酯酸和果胶酸。原果胶是指果胶物质相互间或它与半纤维素及钙盐间以机械方式或化学方式相结合，形成的一种不溶于水的物质。它在酶作用下或在水或酸性溶液中加热时，转变为果胶酯酸（果胶）。果胶酯酸是指被甲酯酯化的多聚半乳糖醛酸，当酯化程度为100%时，甲氧基（CH_3O—）含量为16.32%，称为完全甲基化的果胶酯酸；甲氧基含量大于7%的称为高甲氧基果胶；甲氧基含量小于7%的称为低甲氧基果胶（又称低酯果胶）。果胶酯酸与糖、酸在适当条件下能形成凝胶，是良好的稳定剂。果胶酸是果胶经果胶酯酶作用去甲酯化，它的基本结构为聚半乳糖醛酸，其游离羧基能与金属离子形成正盐或酸式盐。

利用原果胶不溶于水，在酸性条件可以水解为果胶的特性，将原果胶酸水解为可溶性的果胶粗品，粗品再进行脱色、沉淀、干燥、包装等即得果胶成品。目前商品果胶的原料主要是苹果皮、柑橘皮和柠檬皮，提取方法除了传统的酸法提取外，酶法提取、超声波提取、连续逆流萃取和离子交换树脂提取等方法也得到了越来越广泛的应用。

三、实验试剂与器材

1. 材料

柚皮。

2. 试剂

6mol/L盐酸、6mol/L氨水、95%乙醇。

3. 器材

电热恒温水浴锅、纱布、pH试纸、烧杯、玻璃棒等。

四、实验步骤

1. 果胶的提取

（1）称样　切碎、洗涤去绿皮的柚皮50g，切粒。用水洗2次，200mL/次，然后加

120mL 水。

（2）调节酸度　用 6mol/L 盐酸把溶液 pH 调到 2~2.5。

（3）加热提取　在 95℃ 恒温水浴锅中加热 40~60min，搅拌，把 pH 控制在 2.5，若 pH 升高，则滴加 6mol/L 盐酸。

（4）过滤调 pH　4 层纱布过滤样液，取滤液。

（5）浓缩、加乙醇、过滤取沉淀　在沸水浴上把滤液浓缩到 30mL，加 95% 乙醇 90mL，慢慢搅拌，放置，用 4 层纱布过滤，取沉淀，并称重。

2. 果酱的制备

称取上述制备的湿果胶 4g 浸泡于 20mL 水中，加入 0.1g 柠檬酸、0.1g 柠檬酸钠和 20g 蔗糖，在搅拌下加热至沸，继续熬煮 5min，冷却后即成果酱。

五、实验结果与分析

果胶得率计算，如式（2-6）所示。

$$\text{果胶得率（\%）}=\frac{\text{果胶质量（g）}}{\text{柚皮质量（g）}}\times 100 \qquad (2-6)$$

思考题

1. 为什么用酸提取果胶？
2. 果胶在提取过程中发生了什么样的化学变化？
3. 在果酱制备过程中，加入的柠檬酸、柠檬酸钠和蔗糖作用分别是什么？
4. 原果胶、果胶和果胶酸在结构和性质上分别有什么差异？

实验六 植物活性多糖提取

一、实验目的

1. 掌握多糖的提取方法；

2. 了解多糖的性质与作用。

二、实验原理

多糖是由多个单糖分子缩合、失水而形成的一类分子结构复杂且庞大的糖类物质。目前已发现的天然多糖有300多种，它们在免疫调节、抗肿瘤、抗炎、抗病毒、降血糖、抗衰老、抗辐射等方面发挥着生物活性作用。这类多糖不溶于有机溶剂，因此，对样品进行粉碎后，经有机溶剂脱蛋白、脱脂和脱色处理，再用沸水浸提，滤液经浓缩、乙醇沉淀，过滤干燥后可得粗多糖。

三、实验试剂与器材

1. 试剂

50g/L苯酚、浓硫酸、95%乙醇。

2. 器材

可见分光光度计、电子分析天平、数显恒温水浴锅、电热恒温干燥箱、离心机、移液管等。

四、实验步骤

1. 植物样品的预处理

新鲜样品去除杂质后，于50~60℃常压干燥，粉碎后过40目筛。在常温下，用4倍样品体积的乙酸乙酯浸泡干燥的试验样品3h，用蒸馏水清洗残留的有机溶剂至样品无异味。将样品置于温度105℃的烘箱内烘干至恒重，得脱脂样品。

2. 提取

准确称取0.500g粉末置于烧杯中，加入适量的蒸馏水置于水浴锅中浸提。过滤后准确吸取滤液4mL，加入95%乙醇16mL混匀，离心10min（3000r/min），弃去上清液，沉淀用蒸馏水复溶，定容至100mL。准确吸取0.5mL，加入50g/L苯酚0.3mL，混匀后迅速加入2.0mL浓硫酸，充分摇匀后，在40℃下水浴20min，在490nm处测定吸光度，减去试剂空白吸光度并与标样做对照，求出样品中多糖含量。

五、实验结果与分析

按式（2-7）计算多糖得率。

$$多糖得率（\%）=\frac{提取液中多糖的质量（g）}{样品的质量（g）}\times 100 \quad (2-7)$$

思考题

1. 在多糖提取过程中，为什么温度不能过高？
2. 在多糖提取过程中，为什么要进行脱色？

实验七 淀粉糊化度测定（酶法）

一、实验目的

通过实验掌握淀粉糊化程度（α化度）的酶法测定原理和方法。

二、实验原理

测定淀粉糊化变性的程度，以及淀粉是否老化，可以衡量产品的复水性和口感。已经糊化的淀粉，在淀粉酶的作用下，可水解成还原糖，α化度越高，即糊化的淀粉越多，水解后生成的糖越多。先将样品充分糊化，经淀粉酶水解后，测定糖量，以此作为标准，其糊化程度定为100%。然后将样品直接用淀粉酶水解，测定原糊化程度时的糖量，α化度以样品原糊化时糖量的百分比表示。

三、实验试剂与器材

1. 试剂

（1）0.1mol/L 氢氧化钠溶液　称取4g氢氧化钠，加蒸馏水溶解，倾入稀释瓶，稀释至1000mL，用橡皮塞塞住瓶口，摇匀。

（2）0.05mol/L 碘化钾溶液　称取6.4g碘和17.5g碘化钾，加少量蒸馏水研磨，使碘全部溶解，稀释至1000mL，转入棕色小口瓶中存于暗处。

（3）1mol/L 盐酸溶液　9mL 36%盐酸加水定容至100mL。

（4）0.1mol/L 硫代硫酸钠溶液　称取50g硫代硫酸钠（$Na_2S_2O_3 \cdot 5H_2O$）定容至2000mL，贮存于棕色瓶中。

（5）10%硫酸溶液　取浓硫酸10mL，慢慢加入90mL蒸馏水中，边加边摇。

（6）50g/L 淀粉酶溶液　取酶试剂5.0g于烧杯中，用100mL水溶解，摇匀即可。也可使用液体糖化酶，根据浓度配制溶液。

（7）10g/L 淀粉溶液　称取10g可溶性淀粉加少许水调成糊状，在搅拌下注入1000mL沸水，微沸2min，静置，取上层溶液使用。

2. 器材

分析天平、恒温水浴锅、干燥器、称量瓶、碘量瓶、酸式滴定管、电炉、温度计。

四、实验步骤

1. 样品处理

样品经过索氏抽提法去除脂肪，挥干溶剂，研磨至可通过40目筛，放入广口瓶中待用。

2. 称样

取样10g左右于干燥的称量瓶中，用减量法在分析天平上准确称取4份1.000g样品，分别置于4个100mL三角瓶中，编号A_1、A_2、A_3、A_4，各加50mL蒸馏水。另取1个100mL三角瓶 B，加入 50mL 蒸馏水。

3. 煮沸

将 A_1、A_2 放在垫有石棉网的电炉上加热，盖上表面皿，煮沸 15min，然后放入冷水中冷却至 20℃。

4. 酶解

在 A_1、A_3、B 瓶内各加入 5mL 50g/L 淀粉酶溶液，然后将 5 个三角瓶均放入（50±1）℃的恒温水浴锅中，加盖表面皿，保温 90min，并不时摇动，然后冷却至室温。

5. 稀释

各瓶冷却后分别加入 1mol/L 盐酸 2mL，移入 100mL 容量瓶定容，摇匀。用干燥滤纸过滤。

6. 滴定

用移液管分别取 A_1、A_2、A_3、A_4、B 试液及水各 10. 0mL 于 6 个 250mL 碘量瓶中，用移液管准确加 10. 0moL 0. 05mol/L 碘液和 18mL 0. 1mol/L 氢氧化钠溶液塞紧，摇匀放置 15min，然后用移液管快速加 2mL 10%硫酸，用 0. 1mol/L 硫代硫酸钠滴定，至蓝色变浅，加入 1mL 淀粉指示剂，继续滴定至无色并保持 1min 不变为止。记下各瓶消耗的硫代硫酸钠体积（mL）。

五、实验结果与分析

样品 α 化度计算，如式（2-8）所示。

$$\alpha = \frac{(Y - P_3) - (Y - P_4) - (Y - Q)}{(Y - P_1) - (Y - P_2) - (Y - Q)} \times 100 \tag{2-8}$$

式中　α——α 化度,%;

Y——蒸馏水空白消耗硫代硫酸钠溶液的体积，mL;

Q——B 试液消耗硫代硫酸钠溶液体积，mL;

P_1、P_2、P_3、P_4——A_1、A_2、A_3、A_4 消耗硫代硫酸钠溶液体积，mL。

思考题

1. 什么是淀粉的糊化？糊化的影响因素有哪些？
2. 解释糊化度计算公式的含义。

实验八　淀粉糊化温度测定

一、实验目的

1. 学习并掌握偏光十字法测定淀粉的糊化温度；
2. 学习热台显微镜的使用方法。

二、实验原理

淀粉发生糊化的温度称为糊化温度。颗粒较大的淀粉容易在较低的温度下先糊化，称为糊化开始温度。所有淀粉颗粒全部发生糊化所需的温度称为糊化完成温度，两者相差约10℃。因此，糊化温度不是指某一个确定的温度，而是指从糊化开始温度到完成温度的一定范围。糊化温度的测定方法有偏光十字测定法、布拉本德黏度测定法（BV）、快速淀粉黏滞性测定法（RVA）和差示扫描量热分析技术（DSC）等。

淀粉颗粒属于球晶体系，具备球晶的一般特性，在偏光显微镜下淀粉颗粒具有双折射性，呈现偏光十字。淀粉糊化后，颗粒的结晶结构消失，分子变成无定形排列时，偏光十字也随之消失，根据这种变化能测定糊化温度。

三、实验试剂与器材

1. 材料

淀粉。

2. 试剂

矿物油。

3. 器材

热台显微镜、载玻片、盖玻片。

四、实验步骤

1. 淀粉乳的配制

称取 0.1~0.2g 淀粉样品加入 10mL 蒸馏水中，使其质量浓度为 10~20g/L，搅拌均匀待用。

2. 样品玻片的制作

取 1 滴稀淀粉乳，其中含 100~200 个淀粉颗粒，将其置于载玻片上，放上盖玻片，在盖玻片周围施以高黏度矿物油，置于电加热台。

3. 糊化温度的测定

调节电加热台的加热功率，使温度以约 2℃/min 的速度上升，跟踪观察淀粉颗粒偏光十字的变化情况。淀粉乳温度升高到一定程度时，有的淀粉颗粒的偏光十字开始消失，此时的温度便是糊化开始的温度，随着温度的升高，更多淀粉颗粒的偏光十字消失，约 98%的淀粉颗粒偏光十字消失时，此时的温度即为糊化完成温度。

注意事项：

淀粉乳液的浓度需适中，使得 1 滴淀粉乳液中含 100~200 个淀粉颗粒，淀粉颗粒太少没有统计学意义，样品没有足够的代表性，淀粉颗粒太多则不利于观察计数。

五、实验结果与分析

观察并记录随着糊化温度的变化，淀粉颗粒偏光十字的变化情况，并分析其原因。

思考题

1. 淀粉的糊化温度为何是一个温度范围？
2. 不同来源淀粉的糊化温度有区别吗？为什么？

第三章 脂类

CHAPTER 3

实验一　卵磷脂分离和鉴定

一、实验目的

卵磷脂的提取

1. 了解卵磷脂的性质；
2. 掌握卵磷脂的提取方法。

二、实验原理

卵磷脂是甘油磷脂的一种，由磷酸、脂肪酸、甘油和胆碱组成。广泛存在于动、植物中，在植物种子和动物的脑、神经组织、肝脏、肾上腺以及红细胞中含量最多。卵磷脂在蛋黄中含量最为丰富，高达8%~10%，因此得名。

卵磷脂易溶于乙醇、乙醚等亲脂溶剂，可利用此类溶剂提取。它不溶于丙酮，利用此性质可将其与中性脂肪分离。

本实验用乙醚-乙醇溶液萃取蛋黄中的类脂物，然后从类脂物中分离出卵磷脂。蒸发类脂物溶液除去溶剂，将类脂物重新溶解于乙醚中，然后加入丙酮使卵磷脂从溶剂中沉淀出来。卵磷脂是不饱和脂肪酸，具有还原性，在空气中容易被氧化变色。纯卵磷脂中的胆碱基在碱性溶液中分解成三甲胺，三甲胺有特异鱼腥臭味，可鉴别。

三、实验试剂与器材

1. 材料

熟鸡蛋。

2. 试剂

无水乙醚、无水乙醇、丙酮、氢氧化钠溶液。

3. 器材

烧杯、滤纸、玻璃棒、水浴锅、通风橱、离心机。

四、实验步骤

1. 分离类脂物

熟蛋黄1只，称重后捣碎；加15mL乙醇和25mL乙醚，搅拌5min，放置5min；用折叠滤纸过滤上清液；向不溶物中加入25mL乙醚混匀，一起倒入之前的滤纸中过滤；在通风橱中水浴蒸去溶剂，得到黄色糊状的类脂物。

2. 分离卵磷脂

用10mL乙醚溶解类脂物，缓慢搅拌，加入60mL丙酮，于离心机中以3000r/min，离心5min，得到一胶块状卵磷脂，再用10mL丙酮洗涤，沉淀挥干溶剂后称重。

3. 性质鉴定

（1）溶解性　分别取少量卵磷脂于2个试管中，分别加入1~2mL丙酮或乙醚，观察其溶解性。

（2）还原性　卵磷脂长时间暴露在空气中，观察其颜色变化。

（3）碱水解　取少量卵磷脂于试管中，加约2mL氢氧化钠溶液摇匀，放置于沸水浴中2min，闻其气味。

（4）乳化性　在试管中加2mL水，再加2滴油，激烈摇动观察现象，再加少许卵磷脂沉淀，激烈摇动，再观察其现象。

五、实验结果与分析

观察分离得到的卵磷脂的颜色和气味，以及其溶解性、还原性、乳化性和在碱水解作用下的反应现象，并分析其产生的原因。

思考题

1. 卵磷脂在丙酮和乙醚中的溶解性如何？
2. 卵磷脂在食品中有何应用？

实验二 丁香油提取

一、实验目的

1. 了解丁香油的性质与用途；
2. 掌握丁香油的提取方法。

二、实验原理

丁香树又称丁子香，桃金娘科番樱桃属，为常绿乔木。主产于中国的海南、云南及马达加斯加、印度尼西亚、坦桑尼亚、马来西亚、印度、越南等地。可利用部分为干花蕾、茎、叶。用水蒸气蒸馏法蒸馏花蕾，可得丁香花蕾油，得率为15%~18%；丁香花蕾油为澄清的黄色至棕色流动性液体，有时稍带黏滞性；具有药香、木香、辛香和丁香酚特征性香气。

丁香是丁香树的干燥未开放蓓蕾，含油量高达16%~19%。丁香油的主要成分有丁香酚、石竹烯、乙酸丁香酚酯、甲基戊基酮等，丁香子酚含量达30%~95%，使丁香油具有独特的味道和特殊的辛辣香气。

丁香油可分为食用丁香油、药用丁香油和香料用丁香油。食用丁香油用于烹调调香，可直接食用。药用丁香油可内服外擦，用法请遵医嘱。香料用丁香精油用于香薰疗法，浓度很高，食用可致命。

本实验用水蒸气蒸馏丁香得到含丁香油的蒸馏液，然后用乙醚从蒸馏液中萃取丁香油，用无水硫酸钠吸收萃取液的水分，再在通风橱水浴蒸去乙醚，便可得到丁香油。

三、实验试剂与器材

1. 材料

丁香。

2. 试剂

水、无水乙醚。

3. 器材

电子天平、沸石、水蒸气蒸馏装置。

四、实验步骤

1. 水蒸气蒸馏分离

称取10g研碎的丁香，转入250mL烧瓶中，加100mL水和几粒沸石。安装好水蒸气直接蒸馏装置。连续蒸馏，间歇补水，收集馏出液100mL。

2. 萃取分离

将馏出液转移至分液漏斗，分别用20mL和15mL乙醚萃取2次，取上层液，下层液再次萃取。合并乙醚萃取液。在通风橱中水浴（70℃）蒸去乙醚（沸点33℃），得到丁香油。

五、实验结果与分析

收集丁香油，并称重，按式（3-1）计算得率。

$$丁香油得率(\%)=\frac{丁香油质量(g)}{丁香质量(g)}\times100 \tag{3-1}$$

思考题

1. 影响丁香得率的因素有哪些？
2. 丁香油在食品中有何应用？

实验三 油脂酸价测定

一、实验目的

1. 初步掌握测定油脂酸价的原理和方法；

2. 了解测定油脂酸价的意义。

二、实验原理

油脂在空气中暴露过久，部分油脂会被水解，产生游离脂肪酸和醛类等物质，某些低分子的游离脂肪酸及醛类都有臭味，这种现象称为酸败。

酸败的程度以水解产生的游离脂肪酸含量为指标，习惯上用酸价来表示。酸价是指中和1g油脂中游离脂肪酸所需的氢氧化钾的质量（mg）。同一油脂酸价越高则说明水解产生的游离脂肪酸就越多，油脂的质量也越差。

三、实验试剂与器材

1. 试剂

乙醇-乙醚混合液（体积比1∶1）、0.05mol/L氢氧化钾标准溶液、20g/L酚酞-乙醇溶液。

2. 器材

锥形瓶、量筒、碱式滴定管。

四、实验步骤

1. 称取3~5g油脂于250mL锥形瓶中。

2. 加入50mL乙醇-乙醚混合液作为脂肪溶剂，充分振荡，使油脂完全溶解，若未完全溶解可微加热，待冷却后再进行试验。

3. 加入1~2滴20g/L酚酞-乙醇溶液指示剂，立即用0.05mol/L氢氧化钾标准溶液滴定至溶液呈淡红色（放置30s不褪色）为终点，并记录用去的氢氧化钾的体积。

注意事项：

（1）须进行空白试验。在配制的乙醚-乙醇混合液中加入1~2滴酚酞指示剂，用氢氧化钾标准溶液滴定至呈淡红以除去脂肪溶剂对滴定结果的影响。

（2）以氢氧化钾溶液滴定时，溶液的用量不宜过多，否则会引起已生成的脂肪酸钾水解，使终点提前。一般规定，滴定终点时，溶液乙醇-乙醚含量不少于40%。

五、实验结果与分析

酸价的计算公式，如式（3-2）所示。

$$\text{酸价 (mg/g)} = V \times c \times 56.1 / m \tag{3-2}$$

式中 V——滴定油样时耗用氢氧化钾溶液体积，mL；

c——氢氧化钾溶液浓度，mol/L；

m——油样质量，g；

56.1——氢氧化钾的摩尔质量，g/mol。

思考题

1. 防止油脂酸败的方法有哪些？
2. 酸价反映油脂的什么性质？
3. 油脂的测定需要注意哪些因素的影响？

实验四　油脂碘值测定

一、实验目的

1. 学习并掌握测定油脂碘值的方法；
2. 了解油脂碘值与油脂饱和度的关系。

二、实验原理

碘值是指在一定条件下碘与100g油脂起加成反应所需的质量（g）。碘值是油脂不饱和程度的特征指标。它的大小，可以鉴定油脂的不饱和程度，不饱和程度大者，碘值大；反之，则小。因此，根据油脂碘值，可以对油脂进行分类。例如，碘值大于130的油脂属于干性油类，可用作油漆；小于100的油脂属于不干性油类；碘值在100~130之间的油脂则为半干性油类。

在碘的冰乙酸溶液内通入新制的干燥氯气，生成氯化碘的冰乙酸溶液［韦氏（Wijs）试剂］。

$$I_2+Cl_2 = 2ICl$$

氯化碘与油脂中的不饱和脂肪酸发生加成反应，生成饱和的卤素衍生物。

$$CH_3\cdots\cdots CH = CH\cdots\cdots COOH+ICl = CH_3\cdots\cdots \underset{\displaystyle I}{\underset{|}{CH}} - \underset{\displaystyle Cl}{\underset{|}{CH}}\cdots\cdots COOH$$

再加入过量的碘化钾与剩余的氯化碘作用，生成游离碘。

$$KI+ICl = KCl+I_2$$

再用硫代硫酸钠标准溶液滴定游离出的碘。

$$I_2+2Na_2S_2O_3 = Na_2S_4O_6+2NaI$$

同时做空白试验，通过空白试验与试样试验消耗硫代硫酸钠标准溶液之差，可算出加成碘的量。

三、实验试剂与器材

1. 试剂

（1）100g/L碘化钾溶液（不含碘酸盐或游离碘）。

（2）淀粉溶液　将5g可溶性淀粉在30mL水中混合，加入1000mL沸水，并煮沸3min，然后冷却。

（3）0.1moL/L硫代硫酸钠标准溶液（标定后7d内使用）。

（4）环已烷-冰乙酸等体积混合液（溶剂）。

（5）韦氏试剂　称取9g氯化碘溶解在700mL冰乙酸和300mL环已烷的混合液中。取5mL溶液，加5mL 100g/L碘化钾溶液和30mL水，加几滴淀粉溶液作为指示剂，用0.1mol/L硫代硫酸钠标准溶液滴定析出的碘，滴定体积记作V_1。加10g碘于含9g氯化碘的冰乙酸-环己烷中，使其完全溶解。如上法滴定，滴定体积记作 V_2。V_2/V_1 应大于 1.5，否则可稍加一点碘直至 V_2/V_1 略超过 1.5。将加好碘的溶液静置后取上层清液倒入具塞棕色试剂瓶中，即为韦氏试剂，置于暗处保存。

2. 器材

滴定管、碘量瓶、电子天平、容量瓶、移液管、称量瓶、试剂瓶、量筒、烧杯等。

四、实验步骤

1. 根据样品预估的碘值，称取适量的样品于玻璃称量皿中。推荐的称样量如表 3-1 所示。

表 3-1　试样称取质量

预估碘值/（g/100g）	试样质量/g	溶剂体积/mL
< 1.5	15.00	25
1.5～2.5	10.00	25
2.5～5	3.00	20
5～20	1.00	20
20～50	0.40	20
50～100	0.20	20
100～150	0.13	20
150～200	0.10	20

注：试样的质量必须能保证所加入的韦氏试剂过量 50%～60%，即吸收量的 100%～150%。

2. 将称好的试样放入 500mL 碘量瓶中，加入 20mL 环己烷-冰乙酸混合溶剂溶解试样，用大肚移液管准确加入 25mL 韦氏试剂，盖好塞子，摇匀后将锥形瓶置于暗处。同时，用溶剂和试剂制备空白试液。碘值低于 150 的样品，锥形瓶应在暗处放置 1h；碘值高于 150，已经聚合的物质或氧化到相当程度的物质，应置于暗处 2h。

3. 反应时间结束后加 20mL 碘化钾溶液和 150mL 水。用硫代硫酸钠标准溶液滴定至浅黄色。加几滴淀粉溶液继续滴定，直到剧烈摇动后蓝色刚好消失。

注意事项：

（1）韦氏试剂由大肚移液管中流下的时间，各次试验应一致，试剂与油样接触的时间，应注意维持恒定，否则易产生误差。

（2）光和水均会使氯化碘反应，因此，所用仪器必须干净、干燥。试样最好事先经干燥剂脱水并过滤，以除去水分。配好的试剂必须用深色玻璃瓶盛装。

（3）配制韦氏试剂的冰乙酸质量必须符合要求，其冰点不在 15℃以下，且不能含有还原性杂质。鉴定是否含有还原性杂质的方法如下：取冰乙酸 2mL，用 10mL 蒸馏水稀释，加入 0.1mL 高锰酸钾溶液［c（1/5$KMnO_4$）= 0.2moL］，所呈现的红色应 2h 内保持不变。如果红色褪去，说明有还原性物质存在。可用下面的方法精制：取冰乙酸 800mL，放入圆底烧瓶内，加 8～10g 高锰酸钾，接上回流冷凝器，加热回流约 1h 后，将其移入蒸馏瓶中进行蒸馏，收集 118～119℃间的馏出物。

五、实验结果与分析

油脂碘值按式（3-3）计算。

$$碘值 = \frac{(V_1 - V_2)c \times 0.1269}{m} \times 100 \qquad (3-3)$$

式中 碘值——每100g试样吸收碘的质量，g/100g；

V_1——试样用去的硫代硫酸钠溶液体积，mL；

V_2——空白试验用去的硫代硫酸钠溶液体积，mL

c——硫代硫酸钠溶液的浓度，mol/L；

m——试样质量，g；

0.1269——1mmol $\frac{1}{2}I_2$ 的质量，g/mmol。

思考题

1. 碘值反映油脂的什么性质？
2. 配制韦氏试剂的冰乙酸为什么不能含有还原性杂质？

实验五　油脂过氧化值测定

一、实验目的

了解油脂过氧化值测定的实验原理，学习测定的方法。

二、实验原理

过氧化物是油脂在氧化过程中的中间产物，容易分解产生脂肪酸、醛、酮等物质，具有特殊臭味和发苦的滋味，会降低油脂的感官品质和食用价值。油脂中的过氧化物很不稳定，能氧化碘化钾为游离碘，可用硫代硫酸钠标准溶液滴定，根据析出碘量计算过氧化值。

过氧化值是表示油脂和脂肪酸氧化程度的一种指标，反映了油脂中存在的过氧化物的数量。有多种表示方法，一般用滴定 1g 油脂所需某种规定浓度（通常是 0.02mol/L）硫代硫酸钠标准溶液的体积（mL）表示，或者用碘的质量分数表示，也可用每千克油脂中活性氧的物质的量（mmol）表示。该指标可用于说明样品是否已被氧化变质。那些以油脂、脂肪为原料而制作的食品，可通过检测其过氧化值来判断其质量和变质程度。

三、实验试剂与器材

1. 试剂

（1）饱和碘化钾溶液　称取 14g 碘化钾，加 10mL 水溶解，必要时微热加速溶解，冷却后贮于棕色瓶中。

（2）三氯甲烷-冰乙酸混合液　量取 40mL 三氯甲烷，加 60mL 冰乙酸，混匀。

（3）0.02mol/L 硫代硫酸钠标准溶液　称取 5g 硫代硫酸钠（$Na_2S_2O_3 \cdot 5H_2O$）或 3g 无水硫代硫酸钠，溶于 1000mL 水中，缓缓煮沸 10min，冷却。放置 2 周后过滤备用。

（4）10g/L 淀粉指示剂　称取可溶性淀粉 0.50g，加入少许水调成糊状，倒入 50mL 沸水中调匀，煮沸，临用时现配。

2. 器材

电子天平、碘量瓶、滴定管等。

四、实验步骤

1. 称取 2.00~3.00g 混匀（必要时过滤）的油脂样品，置于 250mL 碘量瓶中，加 30mL 三氯甲烷-冰乙酸混合液，使样品完全溶解。

2. 加入 1.00mL 饱和碘化钾溶液，紧密塞好瓶盖，并轻轻振摇 0.5min，然后在暗处放置 3min。取出加 100mL 水，摇匀，立即用硫代硫酸钠标准溶液（0.02mol/L）滴定，滴定至淡黄色时，加 1mL 淀粉指示剂，继续滴定至蓝色消失为终点。同时，取相同量三氯甲烷-冰乙酸溶液、碘化钾溶液、水，按同一方法，做试剂空白试验。

注意事项：

（1）加入碘化钾后，静置时间和加水量，对测定结果均有影响，应严格控制条件。

（2）在用硫代硫酸钠标准溶液滴定被测样品溶液时，必须在接近滴定终点，溶液呈淡黄色时，才能加淀粉指示剂，否则淀粉大量吸附碘进而影响结果的准确性。

五、实验结果与分析

以碘的质量分数表示过氧化值，计算公式如式（3-4）所示。

$$过氧化值(g/100g) = \frac{(V_1 - V_2)c \times 0.1269}{m} \times 100 \tag{3-4}$$

式中 V_1——样品消耗硫代硫酸钠标准滴定溶液体积，mL；

V_2——试剂空白消耗硫代硫酸钠标准滴定溶液体积，mL；

c——硫代硫酸钠标准滴定溶液的浓度，mol/L；

m——试样质量，g；

0.1269——与 1.00mL 硫代硫酸钠标准滴定溶液［$c(Na_2S_2O_3)$ = 1.000mol/L］相当的碘的质量（g）。

以每千克油脂中活性氧的物质的量（mmol）表示过氧化值时按式（3-5）计算。

$$过氧化值(mmol/kg) = \frac{(V_1 - V_2)c}{2 \times m} \times 1000 \tag{3-5}$$

式中 V_1——样品消耗硫代硫酸钠标准滴定溶液体积，mL；

V_2——试剂空白消耗硫代硫酸钠标准滴定溶液体积，mL；

c——硫代硫酸钠标准滴定溶液的浓度，mol/L；

m——试样质量，g。

测定结果取算术平均值的 2 位有效数字；相对偏差≤10%。

思考题

1. 过氧化物的危害是什么？
2. 三氯甲烷-冰乙酸混合液的作用是什么？

实验六　食品中反式脂肪酸含量测定

一、实验目的

1. 了解食品市场调查的方式与方法；
2. 了解中式、西式点心及珍珠奶茶等5种食品配方（标签）的差异；
3. 掌握气相色谱的操作并学会利用气相色谱测定反式脂肪酸的含量。

二、实验原理

反式脂肪酸（Trans Fatty Acids，TFA）是指所有含有反式非共轭双键的脂肪酸的总称，因其与碳链双键相连的氢原子分布在碳链的两侧而得名。反式脂肪酸主要来自油脂的不完全氢化，反式脂肪酸主要是来源于部分氢化处理的植物油，如氢化植物油（植物奶油、酥油、植脂末、乳精、人造奶油、代可可脂、起酥油等）、精炼植物油（没有经过氢化，但在加工食品过程中可能会产生反式脂肪酸）。

反式脂肪酸的测定主要采用气相色谱法，其测定原理为：利用脂肪酸的碳链长度、不饱和度和双键的几何结构等的差异，使脂肪酸在气相色谱柱上保留的时间不同而实现分离。根据色谱保留时间规律，对于相同双键位置的脂肪酸的顺、反异构体，反式异构体较顺式异构体先出峰。

三、实验试剂与器材

1. 试剂

石油醚、4mol/L氢氧化钾-甲醇溶液、无水硫酸钠等为分析纯，正己烷（色谱纯）、脂肪酸甲酯标准品、十八烷酸甲酯、反-9-十八碳一烯酸甲酯、顺-9-十八碳一烯酸甲酯、反-9,12-十八碳二烯酸甲酯、顺-9,12-十八碳二烯酸甲酯、反-9,12,15-十八碳三烯酸甲酯、顺-9,12,15-十八碳三烯酸甲酯、二十烷酸甲酯、顺-11-二十碳烯酸甲酯。

2. 器材

涡旋振荡器、超声振荡器、离心机、恒温水浴锅、电子天平、索氏抽提装置、旋转蒸发仪、气相色谱仪（带氢火焰离子化检测器，配备CP-Sil88 100mm×0.25mm熔融石英毛细管柱）。

四、实验步骤

1. 油脂的提取

样品中油脂的提取采用索氏抽提法。

2. 脂肪酸的甲酯化

取上述脂肪样品2~3滴，用正己烷溶解并定容至10mL，取出3.0mL于10mL具塞试管中。加入0.3mL 4mol/L的氢氧化钾-甲醇溶液。盖紧瓶盖，在涡旋振荡器上剧烈振摇2min，以 4000r/min 速度离心 5min 后将上清液转入气相色谱试样瓶中，待测。

3. 气相色谱分析

色谱柱采用 CP-Sil88 熔融石英毛细管柱；载气为 H_2、燃烧气为 N_2、H_2 和空气；进样口温度为 250℃，压力为 24.52psi（1psi=6894.76Pa），总流量为 29.4mL/min；气相柱的柱压为 24.52psi，柱内流速为 1.8mL/min；炉温为程序升温：45℃时保持 4min，然后以 13℃/min 的升温速率将温度升至 175℃，保持此温度 27min，再以 4℃/min 的升温速率将温度升至 215℃，保持 35min，总测定时间为 86min；检测器温度为 250℃，氢气流速为 30.0mL/min；空气流速为 300mL/min；氮气流速为 30.0mL/min。进样量为 1.0μL，分流比为 1∶30。

4. 试样测定

将脂肪酸甲酯标准品，用正己烷配制成脂肪酸甲酯标准混合溶液，其中每种成分的浓度为 0.05~0.5mg/mL，进样分析，分离与测定出各个顺反式脂肪酸甲酯的峰位置。

五、实验结果与分析

1. 绘制标准曲线

在仪器最佳工作条件下，配制浓度分别为 0mg/mL，0.2mg/mL，0.4mg/ml，0.6mg/mL，0.8mg/mL，1.0mg/mL 的系列反式脂肪酸（反-9-十八碳一烯酸甲酯、反-9,12-十八碳二烯酸甲酯和反-9,12,15-十八碳三烯酸甲酯等）标准工作液。分别进样，以峰面积为纵坐标，标准工作液浓度为横坐标绘制标准工作曲线。

2. 试样液的测定

将待测试样注入气相色谱仪，依照分离鉴定出的反式脂肪酸甲酯峰位置，分别测定区域内反-9-十八碳一烯酸甲酯、反-9,12-十八碳二烯酸甲酯和反-9,12,15-十八碳三烯酸甲酯的峰面积，查标准曲线得到待测试样中各反式脂肪酸的质量浓度。

思考题

1. 哪些因素会影响反式脂肪酸的测定结果？
2. 反式脂肪酸测定方法有哪些？
3. 哪些食品中含有反式脂肪酸？反式脂肪酸对人体健康有何影响？

第四章

蛋白质

实验一　酪蛋白分离与提取

酪蛋白的分离提取

一、实验目的

学习分离提取酪蛋白的原理和方法。

二、实验原理

一种蛋白质混合液，如果需将所要的蛋白质与其他杂蛋白分离出来，可根据这种蛋白质与其他杂蛋白理化性质的差异，用适当的方法将该蛋白质从蛋白质混合液中分离出来。一般常用的分离方法（粗分级）有等电点法、盐析法、有机溶剂的分级沉淀法等。这些方法简便，处理量大，能除去大量的杂蛋白，又能浓缩蛋白质溶液。

牛乳中的主要蛋白是酪蛋白，含量约为35g/L。酪蛋白是一些含磷蛋白质的混合物，等电点为4.7，且不溶于乙醇。利用蛋白质在等电点时溶解度最低的原理，将牛乳的pH调至4.7时，酪蛋白就能沉淀出来。用乙醇、无水乙醚洗涤沉淀物，除去酯类等杂质后便可得到较纯的酪蛋白。

酪蛋白鉴定主要依据酪蛋白含有较多酪氨酸残基和含硫氨基酸残基，但是许多蛋白质都具有这些残基，所以本实验中的两个鉴别反应都是阳性也不足以说明被检物是酪蛋白。这里只是一种练习，说明有许多定性反应可以简单判断蛋白质分离过程中分离的目标物是否可能正在被一步步分离得到。采用的鉴别反应越多，判断就越准确。如果要求准确测定一种未知蛋白是否是酪蛋白，可以采用标准酪蛋白和未知蛋白同时进行十二烷基硫酸钠-聚丙烯酰胺凝胶电泳（SDS-PAGE）。

三、实验试剂与器材

1. 材料

纯鲜牛乳。

2. 试剂

0.2mol/L 乙酸（pH 4.6）、95%乙醇、100g/L 氯化钠、5g/L 碳酸钠、0.1mol/L 氢氧化钠、0.2%盐酸、饱和氢氧化钙溶液、0.1mol/L 氢氧化钠溶液、50g/L 乙酸铅。

米伦试剂：将 100g 汞溶于 140mL 的浓硝酸（相对密度 1.42）中（在通风橱内进行），然后加 2 倍体积的蒸馏水稀释。

3. 器材

离心机、离心管（50mL）、精密 pH 试纸或酸度计、恒温水浴箱（40℃）、100℃温度计、抽滤装置、电子天平及托盘天平、烧杯、量筒、吸管和表面皿。

四、实验步骤

1. 粗酪蛋白的分离制备

将 50mL 牛乳倒入烧杯中，加入 pH 4.6 的 0.2mol/L 乙酸溶液，并缓慢搅拌。用精密 pH 试纸或酸度计调 pH 至 4.7。将上述悬浮液以 3000r/min 离心 5min，弃去上清液，得酪蛋白粗制品（沉淀物）。

2. 酪蛋白的纯化

（1）用水洗沉淀 2 次　向沉淀中加入 20mL 左右的水，用玻璃棒将沉淀充分打碎，以 3000r/min 离心 5min，弃去上清液。

（2）用乙醇洗涤沉淀　在沉淀中加入 20mL 95%乙醇，搅拌片刻（尽可能充分地把块状沉淀打碎），以 3000r/min 离心 5min，弃去上清液。重复 3 次。

（3）将沉淀摊开在表面皿上，风干，得酪蛋白纯品。

3. 酸沉酪蛋白和其溶解性的初步鉴定

（1）溶解性测定　取试管 6 支，分别加入水、100g/L 氯化钠、5g/L 碳酸钠、0.1mol/L 氢氧化钠、0.2%盐酸及饱和氢氧化钙溶液各 2mL。于每管中加入少量酪蛋白。不断摇荡，观察记录各管中的酪蛋白溶解情况。

（2）米伦反应（含酪氨酸的蛋白的定性鉴定反应）　取酪蛋白少许，放置于试管中。加入 1mL 蒸馏水，再加入米伦试剂 10 滴，振摇，并缓慢加热。观察其颜色变化。

（3）含硫（胱氨酸、半胱氨酸和蛋氨酸）测定　取少许酪蛋白溶于 1mL 0.1mol/L 氢氧化钠溶液中，再加入 1~3 滴 50g/L 乙酸铅，加热煮沸，溶液变为黑色则含硫。

五、实验结果与分析

酪蛋白得率计算，如式（4-1）所示。

$$\text{酪蛋白得率（\%）} = \frac{\text{酪蛋白实际质量浓度（g/L）}}{\text{酪蛋白理论质量浓度（g/L）}} \times 100 \qquad (4-1)$$

式中　牛乳中酪蛋白的理论质量浓度——取 35g/L。

思考题

1. 从牛乳中分离酪蛋白根据的是什么？
2. 本实验的关键点有哪些？

实验二　蛋白质浓度测定（考马斯亮蓝结合法）

考马斯亮蓝结合法
测定蛋白质浓度

一、实验目的

学习和掌握考马斯亮蓝 G-250 法测定蛋白质含量的原理和方法。

二、实验原理

蛋白质含量测定方法多种多样，如凯氏定氮法、紫外吸收法、双缩脲法、福林酚法等，每一种方法都有其优缺点。考马斯亮蓝 G-250 法属于染料结合法的一种，该反应非常灵敏，可测微克级蛋白质含量。

考马斯亮蓝 G-250 在游离状态下呈红色，在 465nm 波长下有最大光吸收；考马斯亮蓝所含的疏水基团与蛋白质的疏水微区具有亲和力，通过疏水作用与蛋白质相结合。当它与蛋白质结合后形成蓝色的蛋白质-染料复合物，其最大吸收波长变为 595nm。这种结合在 2min 左右达到平衡，生成的复合物在 1h 内保持稳定。在一定的蛋白质浓度范围内（0~1000μg/mL），蛋白质-染料复合物在 595nm 处的吸光度与蛋白质含量成正比，所以可用于蛋白质含量的测定。

三、实验试剂与器材

1. 试剂

牛 γ-球蛋白、9g/L 氯化钠。

考马斯亮蓝试剂：100mg 考马斯亮蓝 G-250 溶于 50mL 95%乙醇，加入 100mL 850g/L 磷酸溶液，用蒸馏水稀释至 1000mL，滤纸过滤。最终试剂中含 0.1g/L 考马斯亮蓝 G-250，47g/L 乙醇，85g/L 磷酸。

2. 器材

涡旋混合器、试管、吸管、722 型分光光度计、容量瓶、量筒、电子分析天平。

四、实验步骤

1. 标准曲线的绘制

取 7 支干净试管，按表 4-1 进行编号并加入试剂。混匀，室温静置 3min，以 1 号管中的溶液为空白，于波长 595nm 检测吸光度。

表 4-1　　γ-球蛋白标准曲线的制作

	试管编号						
	1	2	3	4	5	6	7
标准蛋白液/mL	0	0.1	0.2	0.3	0.4	0.6	0.8
9g/L 氯化钠/mL	1.0	0.9	0.8	0.7	0.6	0.4	0.2

续表

	试管编号						
	1	2	3	4	5	6	7
考马斯亮蓝染液/mL	4.0	4.0	4.0	4.0	4.0	4.0	4.0
蛋白质浓度/(μg/mL)							
A_{595}							

2. 样液的测定

另取1支干净试管，加入样品1.0mL及考马斯亮蓝染液4.0mL，混匀，室温静置3min，于波长595nm检测吸光度。因蛋白质-考马斯亮蓝结合物在室温下1h内保持稳定，超时会发生降解，所以测定吸光度的过程尽量在30min内完成，并且需要多次反应测定取平均值。

五、实验结果与分析

根据标准溶液的吸光度，在坐标纸上绘制出浓度-吸光度曲线，测出未知液的吸光度后，在标准曲线上查出未知液的浓度。

思考题

1. 考马斯亮蓝法测定蛋白质含量有什么优缺点？
2. 考马斯亮蓝法中G-250和R-250均可作为蛋白质染料，比较这两种试剂的不同点。

实验三　蛋白质盐析与透析

一、实验目的

1. 掌握蛋白质盐析与透析的原理与方法；
2. 了解蛋白质盐析与透析的作用。

二、实验原理

蛋白质是食品中重要的营养素，如何从食品中分离和纯化蛋白质是一项重要的任务。由于蛋白质是亲水胶体，蛋白质依靠水化膜的保护和同性电荷的排斥作用维持胶体的稳定性。向蛋白质溶液中加入某种碱金属或碱土金属的中性盐类，如硫酸铵、硫酸钠、氯化钠或硫酸镁等，则发生电荷中和现象（失去电荷）和脱水作用，蛋白质从溶液中沉淀析出，这种作用称为盐析。盐析法常用的盐类有硫酸铵、硫酸钠等。

蛋白质用盐析法沉淀分离后，需脱盐才能获得纯品，脱盐最常用的方法为透析法，即把蛋白质溶液装入透析袋内，将袋口用线扎紧，然后把它放进蒸馏水或缓冲溶液中进行透析。蛋白质在溶液中因其胶体颗粒直径较大，不能透过半透膜而保留在袋内，而无机盐及其他小分子物质可以透过半透膜，通过不断更换袋外蒸馏水或缓冲溶液，直至袋内盐分透析完为止，故利用透析法可以把经盐析法所得的蛋白质提纯。透析常需较长时间，宜在低温下进行。由盐析所得的蛋白质沉淀，经过透析脱盐后仍可恢复其结构及生物活性。

实验通过蛋白质盐析和透析两种操作，了解蛋白质盐析和透析的原理与影响因素。

三、实验试剂与器材

1. 材料

鸡蛋。

2. 试剂

蒸馏水、饱和硫酸铵溶液、硫酸铵晶体、10g/L 硝酸银溶液、10g/L 硫酸铜溶液、100g/L 氢氧化钠溶液、50g/L 火棉胶溶液。

10%鸡蛋白溶液：选新鲜鸡蛋，轻轻在蛋壳上敲 1 小洞，让蛋清液从小孔流出，然后按 1 份鸡蛋清，加 9 份 9g/L 氯化钠溶液比例稀释。

含鸡蛋清的氯化钠蛋白溶液：取 1 个鸡蛋，除去蛋黄，加 320mL 蒸馏水和 100mL 饱和氯化钠溶液，通过数层纱布过滤，取滤液。

3. 器材

试管、移液器或移液枪、透析袋、烧杯、纱布。

四、实验步骤

1. 蛋白质的盐析

取10%鸡蛋白溶液5mL于试管中，加入等量饱和硫酸铵溶液5mL，微微摇动试管，让溶液混合后静置数分钟，使蛋白析出。如无沉淀可加入少许硫酸铵饱和溶液，观察蛋白质的析出情况。

用移液管吸取少量沉淀混合物于1个试管中，加蒸馏水稀释，观察沉淀是否会再溶解。另取少量澄清溶液混合物，加入过量硫酸铵粉末，使其成为硫酸铵饱和溶液，观察沉淀的产生情况。

2. 蛋白质的透析

透析袋的制备。取50g/L火棉胶溶液5mL，将其加入洁净而又干燥的小三角烧杯中，徐徐转动，使其沿壁流匀，干后，用指甲或小刀刮开瓶口薄膜，轻轻拉开，用自来水将薄膜与瓶壁冲开，即为本实验用的透析袋，将其保存在水中，用时取出。

将含鸡蛋清的氯化钠蛋白溶液5mL注入于上述自制透析袋中，将袋的开口端用线扎紧，然后将其悬挂在盛有蒸馏水的烧杯中，使其开口端位于水面上。经过10min后，从烧杯中取出1mL溶液置于试管中，加入10g/L硝酸银溶液1滴，如有白色氯化银沉淀生成，则证明烧杯中有氯离子存在。再从烧杯中取出1mL溶液置于另一试管中，加入1mL 100g/L氢氧化钠溶液，然后加入1~2滴10g/L硫酸铜溶液进行双缩脲反应。

每隔20min更换蒸馏水1次，直至可观察到透析袋内出现微微混浊，此即为蛋白质沉淀，继续透析至蒸馏水中不再生成氯化银沉淀为止。

五、实验结果与分析

1. 蛋白质盐析

观察添加饱和硫酸铵溶液时，蛋白质的沉淀现象；蛋白质沉淀加蒸馏水稀释后，观察沉淀是否会再溶解。

添加过量硫酸铵粉末，使其成为硫酸铵饱和溶液，观察是否会产生蛋白质沉淀。

解释产生蛋白质沉淀的原因。

2. 蛋白质透析

进行双缩脲反应，观察有无蓝紫色出现。

记录透析完毕所需时间。

思考题

1. 蛋白质盐析和透析在生产和科研中有哪些具体的应用价值？
2. 如何在盐析和透析操作中保持蛋白质的各种活性？
3. 如果要进一步分离不同种类、分子质量的蛋白质，还有哪些实验手段？

实验四　蛋白质两性反应和等电点测定

一、实验目的

1. 了解蛋白质的解离性质；
2. 学习测定蛋白质等电点的方法。

二、实验原理

蛋白质由许多氨基酸组成，虽然绝大多数的氨基与羧基结合成肽键，但是总有一定数量自由的氨基与羧基，以及酚基等酸碱基团，因此蛋白质和氨基酸一样是两性电解质。

蛋白质分子的解离状态和解离程度受溶液的酸碱度影响。当溶液的 pH 到达一定数值时，蛋白质颗粒上正负电荷的数目相等，在电场中，蛋白质既不向阴极移动，也不向阳极移动，此时溶液的 pH 称为此蛋白质的等电点（pI）。不同的蛋白质有其各自的等电点。在等电点时，蛋白质的理化性质都有变化，可利用此种性质来测定各种蛋白质的等电点。最常用的方法是利用物质在达到等电点时溶解度最小的性质，测定蛋白质溶液的溶解度呈现最低时的溶液 pH，此时的 pH，即为该蛋白质的等电点。

本实验通过观察酪蛋白在不同 pH 溶液中的溶解度，来测定酪蛋白的等电点。用乙酸与乙酸钠配制成各种不同 pH 的缓冲液，然后向各缓冲液中加入酪蛋白，观察沉淀出现情况并测定酪蛋白的等电点。

三、实验试剂与器材

1. 试剂

5g/L 酪蛋白溶液、酪蛋白乙酸钠溶液、0.4g/L 溴甲酚绿指示剂、0.02mol/L 盐酸溶液、0.01mol/L 乙酸溶液、0.1mol/L 乙酸溶液、1mol/L 乙酸溶液、0.02mol/L 氢氧化钠溶液。

2. 器材

试管、滴管。

四、实验步骤

1. 蛋白质的两性反应

（1）取 1 支试管，加 5g/L 酪蛋白溶液 20 滴和 0.4g/L 溴甲基酚绿指示剂 5~7 滴，混匀。观察溶液呈现的颜色，并说明原因。

（2）用细滴管缓慢加入 0.02mol/L 盐酸溶液，随滴随摇，直至有明显的大量沉淀发生，此时溶液的 pH 接近酪蛋白的等电点。观察溶液颜色的变化。

（3）继续滴入 0.02mol/L 盐酸溶液，观察沉淀和溶液颜色的变化。

（4）再滴入 0.02mol/L 氢氧化钠溶液进行中和，观察是否出现沉淀。继续滴入 0.02mol/L 氢氧化钠溶液，观察沉淀和溶液颜色的变化。

2. 酪蛋白等电点的测定

（1）取 9 支粗细相近的干燥试管，编号后按表 4-2 的顺序准确加入各种试剂。加入每种试剂后应混匀。

（2）静置约 20min，观察每支试管内溶液的混浊度，以-、+、++、+++符号表示沉淀的多少。根据观察结果，指出哪个 pH 是酪蛋白的等电点。

注意：该实验要求各种试剂的浓度和加入量必须准确。

五、实验结果与分析

观察并记录蛋白质的两性反应中各步溶液的颜色变化和沉淀情况，解释各变化的原因。

将酪蛋白等电点测定的 9 支试管中观察到的结果记录到表 4-2 中。

表 4-2　　酪蛋白等电点的测定

	试管编号								
	1	2	3	4	5	6	7	8	9
蒸馏水/mL	2.4	3.2	—	2.0	3.0	3.5	1.5	2.75	3.38
1mol/L 乙酸溶液	1.6	0.8	—	—	—	—	—	—	—
0.1mol/L 乙酸溶液	—	—	4.2	2.0	1.0	0.5	—	—	—
0.01mol/L 乙酸溶液	—	—	—	—	—	—	2.5	1.25	0.62
酪蛋白乙酸钠溶液	1.0	1.0	1.0	1.0	1.0	1.0	1.0	1.0	1.0
终 pH	3.5	3.8	4.1	4.4	4.7	5.0	5.3	5.6	5.9
沉淀情况									

思考题

1. 在等电点时，蛋白质的溶解度为什么最低？请结合实验结果和蛋白质的胶体性质加以说明。
2. 在本实验中，酪蛋白处于等电点时从溶液中沉淀析出，是否蛋白质在等电点时必然沉淀析出？为什么？

实验五　血清蛋白醋酸纤维素薄膜电泳

一、实验目的

1. 了解血清蛋白的组成；
2. 掌握醋酸纤维素薄膜电泳的方法。

二、实验原理

1. 电泳的基本原理

电泳是指带电颗粒在电场的作用下发生迁移的过程。许多重要的生物分子，如氨基酸、多肽、蛋白质、核苷酸、核酸等都具有可电离基团，它们在某个特定的 pH 下可以带正电或负电，在电场的作用下，这些带电分子会向着与其所带电荷极性相反的电极方向移动。电泳技术就是在电场的作用下，待分离样品中各种分子带电性质以及分子本身大小、形状等性质的差异，使带电分子产生不同的迁移速度，从而对样品进行分离、鉴定或提纯的技术。电泳过程必须在一种支持介质中进行。自由界面电泳没有固定支持介质，所以扩散和对流都比较强，影响分离效果。于是出现了固定支持介质的电泳，样品在固定的介质中进行电泳过程，减少了扩散和对流等现象的干扰。最初的支持介质是滤纸和醋酸纤维素，因 pH 的改变会引起带电分子电荷的改变，进而影响其电泳迁移的速度，所以电泳过程应在适当的缓冲液中进行，缓冲液可以保持待分离物的带电性质稳定。

2. 醋酸纤维素薄膜

醋酸纤维素是纤维素的羟基乙酰化所形成的纤维素醋酸酯，将它溶于有机溶剂（如丙酮、氯仿、氯乙烯、乙酸乙酯等）后，涂抹成均匀的薄膜，待溶剂蒸发后则成为醋酸纤维素薄膜。该膜具有均匀的泡沫状结构，厚度约为 120μm，有很强的通透性，对分子移动阻力很小。本实验采用醋酸纤维素薄膜作为介质。

3. 蛋白质

蛋白质是由氨基酸组成的，其分子除两端有游离氨基和羧基外，侧链中尚有些解离基，作为带电颗粒，它可以在电场中移动，移动方向取决于蛋白质分子所带的电荷。蛋白质颗粒在溶液中所带的电荷，既取决于其分子组成中碱性和酸性氨基酸的含量，又受所处溶液的 pH 影响。血清中含有白蛋白、α-球蛋白、β-球蛋白、γ-球蛋白等，各种蛋白质由于氨基酸组成、立体构象、相对分子质量、等电点及形状不同，在电场中迁移速度不同。血清中 5 种蛋白质的等电点大部分低于 7.0，所以在 pH 8.6 的缓冲液中，它们都电离成负离子，在电场中向阳极移动。

三、实验试剂与器材

1. 材料

鸡血清。

2. 试剂

（1）巴比妥缓冲液（pH 8.6）　1.66g 巴比妥和 12.76g 巴比妥钠，溶于少量蒸馏水中，定容至 1000mL。

（2）染色液　称取 0.5g 氨基黑 10B，加入 40mL 蒸馏水、50mL 甲醇和 10mL 冰乙酸，混匀，保存备用。

（3）漂洗液　取 45mL 95%乙醇，5mL 冰乙酸和 50mL 蒸馏水，混匀备用。

3. 器材

电泳仪（附电泳槽）、虹吸管、纱布、镊子、滤纸、载玻片、点样器。

四、实验步骤

1. 仪器和薄膜的准备

（1）仪器　电泳仪通电预热 30min 以上。

（2）醋酸纤维薄膜的润湿和选择　将薄膜裁成 8cm×2cm 条状，使其漂在缓冲液液面上，若迅速湿润，整条薄膜颜色一致而无白色斑点，则表明薄膜质地均匀（实验中应选择质地均匀的膜）。然后用镊子轻轻将薄膜完全浸入缓冲液中，待膜完全浸透后使用。

（3）制作电桥　将电泳缓冲液倒入电泳槽两边并用虹吸管平衡两边液面。根据电泳槽的纵向尺寸，于电极槽各放入四层纱布，将一端浸入缓冲液中，另一端贴在电泳槽支架上。它们的作用是联系薄膜与两电极缓冲液，是中间“桥梁”。

2. 点样

取出浸透的薄膜，平放在滤纸上（无光泽面朝上），轻轻吸去多余的缓冲液。取血清放于洁净载玻片上，用点样器蘸一下（2~3μL），再“印”在薄膜的点样区。

注意：应使血清均匀分布在点样区。这是获得清晰区带的电泳图谱的重要环节之一。

3. 电泳

将点好样的薄膜（无光泽面朝下），两端紧贴在支架的纱布上。平衡 10min，接通电源（负极靠点样端），调节电流为 0.4~0.7mA/cm（薄膜宽度），电压为 10~12V/cm（薄膜长度），电泳 45~60min。

4. 染色

电泳完毕，关闭电源，立即取出薄膜，直接将其浸入染色液中 5min。然后用漂洗液漂洗，每隔 5min 左右换 1 次漂洗液，连续 3~4 次，直至薄膜背景颜色脱去，区带清晰为止，将其夹在滤纸中吸干。

五、实验结果与分析

一般经漂洗后，薄膜上可呈现清晰的 5 条区带，由正极端起，依次为清蛋白、α1-球蛋白、α2-球蛋白、β-球蛋白和 γ-球蛋白。记录区带条数，量出各区带至点样区的距离。

思考题

1. 点样时应注意什么？
2. 电泳过程应注意观察哪些现象？如何处理？

实验六　氨基酸分离与鉴定（滤纸层析法）

一、实验目的

1. 了解氨基酸滤纸层析法的原理；
2. 掌握氨基酸滤纸层析操作的方法。

二、实验原理

滤纸层析是以滤纸作为惰性支持物的分配层析。展层溶剂由有机溶剂和水组成。滤纸纤维上的羟基具有亲水性，因此，将吸附在滤纸上的一层水作为固定相，而通常把有机溶剂作为流动相。流动相流经支持物时与固定相之间连续抽提，使物质在两相之间不断分配而得到分离。用滤纸层析分离混合物时，发生两种作用：第一种是溶质在结合于纤维上的水与流过滤纸的有机相之间进行分配（即液-液分配）；第二种是滤纸纤维对溶质的吸附及流动相对溶质的溶解进行分配（即固-液分配），如图 4-1 所示。显然混合物的彼此分离是这两种因素共同作用的结果，但主要取决于液-液分配作用。溶质在滤纸上的移动速率用 R_f 表示，计算公式如式（4-2）所示。

$$R_f = X/Y \tag{4-2}$$

式中　X——原点到层析斑点中心的距离，cm；

Y——原点到展开溶剂前沿的距离，cm。

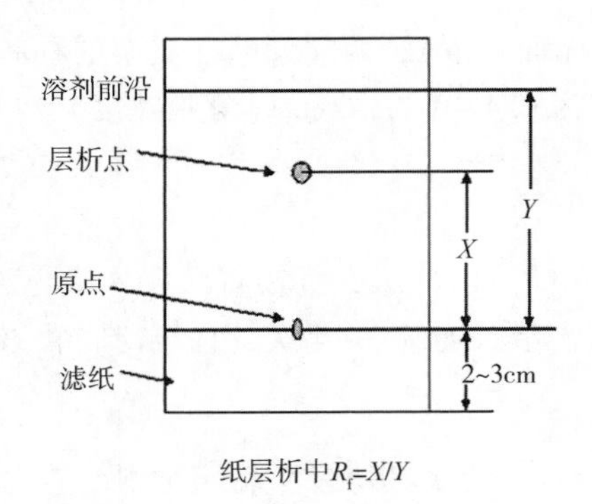

图 4-1　纸层析

在一定的条件下，某种物质的 R_f 是常数。R_f 的大小与样品的结构、性质、溶剂系统（溶剂的性质、pH）、层析的温度和层析滤纸有关。此外，样品中的盐、其他杂质以及点样过多皆会影响样品的有效分离。

用滤纸层析法分离氨基酸，是根据氨基酸样品 R 基的化学结构或极性大小的不同，将样品氨基酸溶解在适当的溶剂（水、缓冲液或有机溶剂）中，点样在滤纸的一端，再选用适当的溶剂系统，从点样的一端通过毛细现象向另一端展开，展开完毕，取出滤纸晾干或烘干。

本实验用茚三酮作为显色剂，就可得到氨基酸样品的分离图谱。对于其他样品的纸层析图谱，可用适当的显色剂或在紫外灯、荧光灯下观察。

如果某一种样品中混合物的种类较多，并且某些组分的 R_f 又相差不大，经层析后仍在同一位置上，没有达到分离的目的，此时可用双向层析，即在一方形滤纸的一个角上点上样品，先用一种溶剂系统进行层析，然后凉干，将纸转动 90°，在另一溶剂系统中再进行层析，这样就可达到分离的目的（本实验只进行单向层析）。

三、实验试剂与器材

1. 试剂

（1）展开溶剂　正丁醇-冰乙酸-水溶液（体积比 4∶1∶3）。将正丁醇 100mL 和冰乙酸 25mL 放入 250mL 分液漏斗中，与 75mL 水混合，充分振荡，静置后分层，放出下层水层后备用。

（2）氨基酸溶液　5g/L 的赖氨酸（Lys）、脯氨酸（Pro）、缬氨酸（Val）、亮氨酸（Leu）溶液及混合氨基酸样品（各组分浓度均为 5g/L）。

（3）显色剂　0.1%茚三酮正丁醇溶液。

2. 器材

层析缸或标本缸、层析滤纸（1 号滤纸）、点样毛细管（内径 0.5mm）、培养皿、电吹风、喷雾器、烘箱、铅笔、尺、针、线、250mL 分液漏斗、一次性手套。

四、实验步骤

1. 准备

（1）将盛有展开溶剂的培养皿放入密闭的层析缸中。

（2）取 1 张层析滤纸（15cm×15cm），在纸的一端距边缘 2~3cm 处用铅笔轻轻地画 1 条直线，在此直线上每间隔 2cm 做 1 个记号（注意：不要在滤纸上留下划痕，且只能用铅笔做记号）。

2. 点样

用点样毛细管依次在各原点上点 Lys、Pro、Val、Leu 及混合氨基酸样品液，干后再点一次，每点在纸上扩散的直径最大不超过 5mm，否则分离效果不好，样品用量大会造成“拖尾”现象。

3. 展开

滤纸上的点样点干燥后，把滤纸直立于盛有展开溶剂的培养皿中（点样的一端在下，展开溶剂的液面需低于点样线 1cm）。待展开溶剂上升至 13cm 时立即取出滤纸，用铅笔描出展层溶剂前沿界线，自然干燥或用吹风机热风吹干。

4. 显色

用喷雾器均匀喷上 0.1%茚三酮正丁醇溶液，然后置于 65℃烘箱中烘干 30min 后取出或用电热风机热风吹干，使之呈现出紫红色斑点，用铅笔画出轮廓。

注意事项：

（1）选用合适、洁净的层析滤纸。

（2）使用茚三酮显色法，在整个层析操作中，避免用手接触层析纸，因手上常有少量含氨物质，在显色时也显出紫色斑点，会污染层析结果，因此，在操作过程中应戴手套或指套，同时也要防止空气中氨的污染。

(3) 点样斑点不能太大（其直径应小于5mm），防止氨基酸斑点出现重叠。吹风机温度不宜过高，否则斑点变黄。

(4) 根据一定目的、要求选择合适的溶剂系统。

五、实验结果与分析

计算各样品 R_f。用铅笔轻轻描出各氨基酸显色斑点的形状。用直尺量出每一显色斑点中心与原点之间的距离和原点到溶剂前沿的距离，计算各种氨基酸的 R_f，并确定混合氨基酸的组成。

思考题

1. 本实验应注意哪些操作关键点？
2. 实验操作过程中，为何不能用手直接接触滤纸？
3. 影响 R_f 的因素有哪些？
4. 分析造成本实验中各氨基酸的 R_f 大小差异的原因。

实验七　温度、食品其他成分对蛋白质起泡性的影响

一、实验目的

1. 比较几种蛋白质的起泡能力；
2. 研究蛋白质泡沫形成和稳定机理；
3. 了解其他化学物质、温度等因素对蛋白质泡沫分散系的影响。

二、实验原理

蛋白质分散系（习惯称为溶液）通过高速搅拌处理，引入空气而产生泡沫，形成泡沫体系。不同蛋白质的发泡能力、泡沫稳定性不同，温度等环境条件、其他物质等对泡沫体系的稳定性也有影响。通过观察不同条件下不同蛋白质泡沫体系形成、破裂情况，可以评价不同蛋白质的发泡能力、泡沫稳定性。

三、实验试剂与器材

1. 材料

蛋清蛋白、大豆蛋白、乳清蛋白浓缩物、酪蛋白酸钠、糖、玉米淀粉、油脂等其他材料。

2. 器材

电子搅拌器、50mL 烧杯 8 个、100mL 量筒 8 个、恒温水浴锅等。

四、实验步骤

1. 制备蛋白质分散系

用蒸馏水分别制备下列分散系各 100mL：

（1）5g/L 酪蛋白酸钠；
（2）5g/L 浓缩乳清蛋白；
（3）5g/L 蛋清蛋白；
（4）5g/L 大豆蛋白；
（5）5g/L 大豆蛋白+5g/L 玉米淀粉；
（6）5g/L 大豆蛋白+5g/L 蔗糖；
（7）5g/L 大豆蛋白+0. 5%植物油；
（8）5g/L 大豆蛋白+5g/L 氯化钠。

2. 泡沫分散系稳定性评价

取 50mL 上述分散系（1）于搅拌器的样品杯中，搅拌 30s，再移入 100mL 量筒内。剩余的分散系（1）重复上述操作，得到 2 组分散样品。

分散系（2）~（8）的操作方法同分散系（1）。最后得到（1）~（8）的搅拌分散系各 2 组。

所得到的2组（1）~（8）搅拌分散系，1组放置于室温下，1组置于40℃水浴中。分别在搅拌后的0min、5min、30min测定泡沫体积。

五、实验结果与分析

将泡沫体积结果记录在表4-3和表4-4中。

表4-3 室温下泡沫分散系的稳定性 单位：mL

分散系	测定体积			体积损失	
	0min	5min	30min	ΔV_1	ΔV_2
（1）					
（2）					
（3）					
（4）					
（5）					
（6）					
（7）					
（8）					

注：$\Delta V_1 = V_{0min} - V_{5min}$，$\Delta V_2 = V_{0min} - V_{30min}$。

结论1：

表4-4 40℃下泡沫分散系的稳定性 单位：mL

分散系	测定体积			体积损失	
	0min	5min	30min	ΔV_1	ΔV_2
（1）					
（2）					
（3）					
（4）					
（5）					
（6）					
（7）					
（8）					

注：$\Delta V_1 = V_{0min} - V_{5min}$，$\Delta V_2 = V_{0min} - V_{30min}$。

结论2：

思考题

1. 按下列要求对比泡沫的体积和稳定性。

(1) 蛋白性质;

(2) 蛋白成分类型;

(3) 温度。

2. 玉米淀粉、蔗糖、植物油、氯化钠对蛋白质起泡性有什么影响?

3. 简述蛋白质的起泡性在食品加工中所起的作用。

实验八　pH、蔗糖浓度对蛋白质凝胶作用的影响

一、实验目的

观察 pH、蔗糖等对明胶蛋白质凝胶作用的影响。

二、实验原理

明胶是来源于胶原的蛋白质，常用作胶凝剂，在水中即可发生胶凝。明胶具有特殊的氨基酸组成，甘氨酸或丙氨酸占 1/3 左右，酸性或碱性氨基酸占将近 1/4，脯氨酸和羟脯氨酸约占 1/4，因此，明胶具有良好的胶凝作用。pH、蔗糖浓度等能影响明胶分子间及明胶分子与水分子间的相互作用，从而影响明胶凝胶的物理特性。

三、实验试剂与器材

1. 材料

明胶 200g。

2. 试剂

6mol/L 盐酸溶液、2mol/L 氢氧化钠溶液、蔗糖 70g。

3. 器材

质构分析仪、秒表、2mL 和 5mL 移液管、试管架、烧杯等。

四、实验步骤

1. 明胶溶液制备

（1）pH 的影响　将 37.5g 明胶分散于冷的去离子水中，再添加煮沸的去离子水制备 2000g 溶胶。将其分成 5 等份，用氢氧化钠或盐酸溶液调节 5 个样品的 pH，分别为 1，5，6，7 和 12。在样品未冷却前，稀释至 500mL，最终明胶质量浓度为 15g/L。

（2）蔗糖的影响　将 4 份 7.5g 明胶分别与 0g，8.6g，17.1g，34.2g 蔗糖混合均匀，分别加入冷的去离子水中，然后添加煮沸的去离子水制成 500mL 溶胶，得到 4 份明胶溶液，其中明胶质量浓度为 15g/L，蔗糖浓度分别为 0mol/L，0.05mol/L，0.1mol/L，0.2mol/L。

2. 明胶物理特性测定

（1）溶胶制备好后，立即倒入耐热玻璃杯中，直至液面高度距离杯口 1cm，然后将其放入冰箱或冰浴中冷却。用质构分析仪检测凝胶的硬度，观察凝胶的透明度。

（2）向试管中倒入 10mL 的各种溶胶并将其放在试管架上，放入 10℃ 的水浴中。测定成胶时间，从溶胶温度 60℃ 时开始计时，到试管中不再有液体流动为止。凝胶形成后将试管取出倒放在试管架上，下面垫着纸巾，室温下测定其液化时间（当试管内容物液化从试管底部滴落到达纸巾为止）。

（3）准备充分多的溶胶，用秒表测定 60℃ 下，每种溶胶从 2mL 或 5mL 移液管（对所有

溶胶采用相同的移液管）中流出的时间，重复测定。

五、实验结果与分析

根据实验记录结果，绘制下列曲线：①pH-溶胶流动时间；②pH-凝胶形成时间；③pH-液化时间；④pH-凝胶强度；⑤蔗糖浓度-溶胶流动时间；⑥蔗糖浓度-溶胶形成时间；⑦蔗糖浓度-液化时间；⑧蔗糖浓度-凝胶强度。

思考题

1. 蛋白质等电点与其黏度之间的关系如何？
2. pH 和蔗糖浓度对明胶溶胶和凝胶有什么影响？作用机理是什么？
3. 以明胶作为甜点的凝胶剂，制备时如何减少制备时间？为什么？

实验九　pH、磷酸盐对肌肉蛋白质水合能力的影响

一、实验目的

肉的水合能力是影响肉制品品质的重要因素。肉的保水能力取决于许多因素，如 pH、加热、冷冻、食品添加剂等。本实验将观察 pH 和磷酸盐对肌原纤维蛋白质水合能力的影响。

二、实验原理

蛋白质的水合性质是蛋白质发挥其他功能性质的基础，也是影响肉制品感官品质的重要因素。蛋白质的水合性质是蛋白质分子与水分子之间、蛋白质分子之间相互作用平衡的结果。蛋白质在不同 pH、盐等因素影响下，其结构发生一定程度的变化，从而引起水合能力的变化。如果结构伸展，暴露出藏在分子内部的极性基团，则蛋白质的水合能力将会提高。

三、实验试剂与器材

1. 材料

牛肉。

2. 试剂

HCl、NaOH、NaH_2PO_4、$(NaPO_3)_n$（偏磷酸钠）、Na_2HPO_4、$K_5P_3O_{10}$（三聚磷酸钾）。

3. 器材

pH 计、离心机、塑料离心管、匀浆机、电子天平、烧杯。

四、实验步骤

1. pH 对肌肉蛋白质水合能力的影响

（1）取 6 个 50mL 塑料离心管，标记并称重。

（2）准确称取 3g 充分搅碎的肉样分别放入 6 个离心管中，向离心管中加入 15mL 蒸馏水，用匀浆机快速均质。

（3）用 NaOH 或 HCl 调整每个离心管的 pH 至下列数值：1 号管 pH 4.0；2 号管 pH 4.5；3 号管 pH 5.0；4 号管 pH 5.5；5 号管 pH 6.0；6 号管 pH 7.0。

（4）10min 后再次测定各离心管的 pH。

（5）再过 5min 后，以 200r/min 速度离心 10min。然后将离心管取出，小心倒出上清液，弃去。准确称取肌原纤维蛋白沉淀的质量。

2. 磷酸盐对蛋白质水合能力的影响

（1）取 5 个 100mL 烧杯，分别放入 20g 充分搅碎的肉样，并标号。

（2）将 1~4 号样品分别加入 200mg NaCl 并充分搅拌，然后分别在 1~4 号样品中加入 60mg 的 NaH_2PO_4，$(NaPO_3)_n$、Na_2HPO_4、$K_5P_3O_{10}$，5 号样品作为空白对照。

（3）将所有样品置于−18℃冰箱保存 2h 后，取出分别称重，然后在室温下解冻。

（4）解冻后，用滤纸吸干上述样品的水分，然后称重。水分损失用式（4-3）计算。

$$水分损失(\%) = \frac{解冻前样品质量(g) - 解冻后样品质量(g)}{解冻前样品质量(g)} \times 100 \tag{4-3}$$

五、实验结果与分析

1. pH 对蛋白质水合能力的影响

pH 对肌肉纤维蛋白水合能力的影响，如表 4-5 所示。

表 4-5　pH 对肌肉纤维蛋白水合能力的影响

编号	pH	10min 后 pH	沉淀的质量/g
1	4.0		
2	4.5		
3	5.0		
4	5.5		
5	6.0		
6	7.0		

2. 磷酸盐对蛋白质水合能力的影响

磷酸盐对肌肉纤维蛋白水合能力的影响，如表 4-6 所示。

表 4-6　磷酸盐对肌肉纤维蛋白水合能力的影响

编号	解冻前样品质量/g	解冻后样品质量/g	水分损失/%
1			
2			
3			
4			
5			

思考题

1. pH 对蛋白质的质量有什么影响？
2. pH 对蛋白质质量的影响与蛋白质的水合能力有什么关系？
3. 解释 pH 对蛋白质水合能力影响的机理。
4. 不同磷酸盐对蛋白质水合能力有什么影响？
5. 解释磷酸盐对蛋白质水合能力影响的机理。

第五章 核酸

CHAPTER 5

实验一　植物组织中DNA的快速提取法

一、实验目的

掌握从植物组织中快速提取DNA的方法。

二、实验原理

脱氧核糖核酸（Deoxyribonucleicacid，DNA）是一切生物细胞的重要组成成分，主要存在于细胞核中，盐溶法是提取DNA的常规技术之一。从细胞中分离得到的DNA是与蛋白质结合的DNA，其中还含有大量与蛋白质结合的RNA，即核糖核蛋白。如何有效地将这两种核蛋白分开是技术的关键。DNA不溶于0.14mol/L的NaCl溶液中，而核糖核酸（Ribonucleic Acid，RNA）则能溶于0.14mol/L的NaCl溶液之中，利用这一性质就可以将二者从破碎细胞浆液中分开。制备过程中，细胞破碎的同时就有脱氧核糖核酸酶（DNase）释放到提取液中，使DNA被降解而影响得率，在提取缓冲液中加入适量的柠檬酸盐和乙二胺四乙酸（EDTA），既可抑制酶的活性又可使蛋白质变性而与核酸分离，再加入阴离子去垢剂1.5g/L十二烷基硫酸钠（SDS），经过2h搅拌，或用氯仿-异醇除去蛋白，通过离心使蛋白质沉淀，得到含有核酸的上清液。然后用95%的预冷乙醇即可把DNA从除去蛋白质的提取液中沉淀出来。

三、实验试剂与器材

1. 试剂

（1）提取缓冲液　称取26.31gNaCl，13.23g柠檬酸钠，37.2gEDTA，10gSDS，溶解于800mL蒸馏水中，以0.2mol/L NaOH调至pH 7.0，并定容至1000mL。

（2）核糖核酸酶（RNase）溶液　用0.14mol/L NaCl溶液配制成25mg/mL的酶液，用1mol/L HCl调整pH至5.0，使用前经80℃水浴处理5min（以破坏可能存在的DNase）。

（3）pH 8.0 TE缓冲液　先配制1mol/L三羟甲基氨基甲烷（Tris）-HCl（pH 8.0）溶

液。称量 121.1g Tris 置于 1L 烧杯中，加入 800mL 去离子水，充分搅拌溶解，加入 42mL 浓 HCl 准确调 pH 至 8.0，加入蒸馏水至 1L，分装，高压灭菌。

再配制 0.5mol/L EDTA（pH 8.0）溶液。称取 186.1g $Na_2EDTA \cdot 2H_2O$，加入 800mL 蒸馏水，于磁力搅拌器上搅拌，加入 20g NaOH 调 pH 至 8.0，再用蒸馏水定容至 1L。只有 pH 接近 8.0 时，EDTA 才能完全溶解。

用 1mL 1mol/L Tris-HCl（pH 8.0）缓冲液与 0.2mL 0.5mol/L EDTA（pH 8.0）溶液混合后，用蒸馏水定容至 100mL。

（4）氯仿-异戊醇　按 24mL 氯仿和 1mL 异戊醇比例混合。

2. 器材

UV-120 分光光度计、磨口三角瓶、具塞刻度试管、研钵等。

四、实验步骤

1. 称取植物新鲜叶片 10g，在研钵中加少量液氮，然后加入 10mL 提取缓冲液，迅速研磨，使其成为浆状物。

2. 将匀浆液转入 25mL 刻度试管中，加入等体积的氯仿-异戊醇混合液，盖上塞子，上下翻转混匀，将混合液转入离心管，静置片刻以脱除组织蛋白质，然后以 5000r/min 离心 10min。

3. 小心吸取上层清液至刻度试管中，弃去中间层的细胞碎片、变性蛋白质层及下层的氯仿。

4. 将试管置于 72℃ 水浴中保温 3min（不要超过 4min），以灭活组织内的 DNA 酶，然后迅速取出试管放在冰水浴中冷却至室温。

5. 再次加入等体积的氯仿-异戊醇混合液，并在带塞的锥形瓶中摇晃 20s。将混合液转入离心管，静置片刻后，以 5000r/min 离心 10min。

6. 小心吸取上层清液至刻度试管中，加入 2 倍体积的 95% 预冷乙醇，盖上塞子，混匀，将其置于 -20℃ 冰箱中放置 15min 左右。然后，将混合液转入离心管，以 5000r/min 离心 10min。弃去上清液，此沉淀为 DNA 的粗制品。

7. 将所得 DNA 的粗制品溶解于 5mL 蒸馏水中，将混合溶液转入刻度试管中，加入预先处理过的 RNA 酶溶液，使其终浓度为 50~70mg/mL，并在 37℃ 下保温 30min 以除去 RNA。

8. 重复步骤 5，以除去残留蛋白质及所加的 RNA 酶。

9. 重复步骤 6，此沉淀即为初步纯化的 DNA，将 DNA 溶解于适量 TE 溶液，于 -20℃ 储存，备用。

五、实验结果与分析

观察提取 DNA 的颜色和性状。若实验失败，请分析原因。

思考题

1. 如果要提取基因组大片段的 DNA 分子，操作中应注意什么？
2. 如何获得纯度较高的 DNA 分子？

实验二　DNA 琼脂糖凝胶电泳

一、实验目的

学习并掌握琼脂糖凝胶电泳的原理和基本操作，通过 DNA 琼脂糖凝胶电泳可了解 DNA 的纯度、含量和相对分子质量。

二、实验原理

在 pH 为 8.0~8.3 时，核酸分子碱基几乎不解离，磷酸全部解离，核酸分子带负电，在电泳时向正极移动。采用适当浓度的凝胶介质作为电泳支持物，在分子筛的作用下，使分子大小和构象不同的核酸分子泳动率出现较大的差异，从而达到分离核酸片段并检测其大小的目的。

DNA 在碱性溶液中带有负电荷，因此，在电场作用下朝正极移动。在琼脂糖凝胶中电泳时，由于琼脂糖凝胶具有一定孔径，长度不同的 DNA 分子所受凝胶的阻遏作用大小不一，迁移的速度也就不同，因此可以将相对分子质量大小不同的 DNA 分子有效分离。溴化乙锭（EB）可插入到 DNA 分子的双链中。在紫外光的照射下，插入溴化乙锭的 DNA 呈橙红色荧光，所以溴化乙锭可以作荧光指示剂指示 DNA 含量和位置。

三、实验试剂与器材

1. 试剂

（1）10 倍电泳缓冲液（pH 8.3 Tris-硼酸-EDTA 缓冲液）　称取 10.78g Tris，5.500g 硼酸，0.930g Na_2 EDTA 溶于去离子水，定容至 100mL，用时稀释 10 倍。

（2）EB 溶液　溴化乙锭（10mg/mL）（用时稀释 10 倍）。

（3）加样缓冲液　50%甘油+2.5g/L 溴酚蓝。

（4）琼脂糖。

2. 器材

电泳仪、紫外检测仪、水平电泳槽、移液器、一次性手套。

四、实验步骤

1. 琼脂糖凝胶的制备

称取琼脂糖 1g，加入 10 倍电泳缓冲液 10mL，再加入蒸馏水 90mL，在电炉上加热溶解，配制成 10g/L 琼脂糖凝胶，稍凉后加入配好的 EB 溶液数滴。

将电泳模板两端密封，倒入琼脂糖凝胶溶液，插入梳子。

冷凝后将梳子拔出，将电泳胶放入电泳槽中。

2. 加样

取样品溶液 20μL，加入 4μL 加样缓冲液，混匀后，将溶液加到样品孔中，同时在另一样品孔中加入标准相对分子质量 DNA。一般 DNA 样品最好控制在 0.5～1.0μg 之间。

3. 电泳

加入 pH 8.3 Tris-硼酸-EDTA 缓冲液，通电维持 2～4V/cm，电泳至溴酚蓝缓冲液移动到胶底部边缘时停止电泳。

4. 染色及观察

电泳完毕，取出凝胶模具，将其推到一块干净的玻璃板上，于 254nm 或 300nm 波长紫外灯下观察，DNA 存在的位置呈现橙黄色荧光，放置时间超过 4～6h 后荧光减弱，因此应立即拍照，并应加上红色滤色镜。

注：溴化乙锭（EB）有致癌性，操作时应戴手套，尽量减少台面污染。

五、实验结果与分析

观察 DNA 电泳图，分析提取的 DNA 是否完整。

DNA 琼脂糖凝胶电泳实验应该注意哪些关键事项？

实验三　核酸纯度及含量测定

一、实验目的

1. 熟悉紫外-可见分光光度计的基本原理及操作；

2. 掌握使用紫外-可见分光光度法测定核酸纯度和含量的原理及方法。

二、实验原理

嘌呤碱基、嘧啶碱基的分子结构中具有共轭双键（—C═C═C—），能够强烈吸收250~280m波长的紫外光，其最大吸收波长在260nm左右。核苷、核苷酸及核酸（DNA，RNA）分子组成中都含有这些碱基，因此能够吸收紫外光。据此，可以遵照朗伯比尔定律，通过紫外吸收光谱的变化来测定各类核酸物质。一般在260nm波长下，1mg/mL DNA溶液的吸光度约为0.020，1mg/mL RNA溶液的吸光度为0.022~0.024，故测定待测浓度DNA或RNA溶液处于260nm的吸光度，即可计算出其中核酸的含量。

当$A_{260}=1$时，双链DNA（dsDNA）浓度为50μg/mL，单链DNA（ssDNA）浓度约为37μg/mL，RNA的浓度约为40μg/mL。

紫外吸收法测定核酸类物质方法简单、快速，灵敏度高，可测出含量为3μg/mL的核酸。但在测定核酸粗制品时，样品中的蛋白质及色素等其他具有紫外吸收的杂质对测定有明显干扰，测定前应尽量除去杂质物质的干扰（纯净的DNA溶液$A_{260}/A_{280}\geqslant 1.8$，纯净的RNA溶液$A_{260}/A_{280}\geqslant 2$）。大分子核酸制备过程中变性降解后也有增色效应，因此，用紫外吸收法测得的核酸含量会高于用定磷法测得的核酸含量。此外，嘌呤、嘧啶碱基在不同pH溶液中互变异构的差异很大，紫外吸收光谱也随之表现出明显的差异，它们的摩尔消光系数也随之不同。所以，在测定这些物质时均应在固定的pH溶液中进行。

三、实验试剂与器材

1. 试剂

核酸样品（DNA或RNA）、TE缓冲液。

2. 器材

电子分析天平、离心机、容量瓶、紫外可见分光光度计、离心管。

四、实验步骤

1. 核酸紫外吸收光谱的绘制

取100μL核酸溶液于试管中，加入5mL蒸馏水，摇匀，测定核酸溶液在220~290nm波长范围的吸光度，再用蒸馏水作空白调零。以该溶液在各波段的吸光度（A）为纵坐标，波长为横坐标，绘制核酸的吸收光谱。

2. 核酸样品的测定

紫外可见分光光度计开机预热10min。用双蒸水洗涤比色皿，用吸水纸吸干，加入TE缓冲液，调零。将标准样品和待测样品适当稀释后，放入比色皿。分别测定260nm，280nm波长时的吸光度。

注意事项：

（1）吸光度范围应该在0.1~0.99，否则不符合上述线性关系。

（2）A_{260}/A_{280} 可提供DNA纯度的一个参考，但 A_{260}/A_{280} 会受pH影响。如果未调pH，比值可能与实际差别很大。如果需要准确数值，建议在10mmol/L Tris-Cl，pH 8.5中检测，此时纯净的DNA（RNA）A_{260}/A_{280} 应为1.8~2.0（注意应使用相同的缓冲液作为对照）。

五、实验结果与分析

核酸DNA、RNA样品纯度计算公式如式（5-1）和式（5-2）所示。

$$\text{核酸DNA样品纯度}(\mu g/\mu L) = A_{260} \times \text{稀释倍数} \times 50/1000 \tag{5-1}$$

$$\text{核酸RNA样品纯度}(\mu g/\mu L) = A_{260} \times \text{稀释倍数} \times 40/1000 \tag{5-2}$$

思考题

紫外-可见分光光度法测定核酸纯度和含量的原理是什么？

实验四　酵母 RNA 提取与鉴定

一、实验目的

1. 了解并掌握稀碱法提取 RNA 的原理和方法；
2. 了解核酸的组分并掌握其鉴定方法。

二、实验原理

由于 RNA 的来源和种类很多，因此提取制备方法也各异，一般有苯酚法、去污剂法和盐酸胍法。其中，苯酚法又是实验中最常用的。组织匀浆用苯酚处理并离心后，RNA 即溶于上层被酚饱和的水相中，DNA 和蛋白质则留在酚层中。向水层加入乙醇后，RNA 即以白色絮状沉淀析出，此法能较好地除去 DNA 和蛋白质。上述方法提取的 RNA 具有生物活性。

工业上常用稀碱法和浓盐法提取 RNA，用这两种方法所提取的核酸均为变性的 RNA，主要用作制备核苷酸的原料，其工艺比较简单。浓盐法使用 100g/L 左右氯化钠溶液，90℃提取 3~4h，迅速冷却，提取液经离心后，上清液用乙醇沉淀 RNA。稀碱法使用稀碱使酵母细胞裂解，然后用酸中和，除去蛋白质和菌体后的上清液用乙醇沉淀 RNA 或调 pH 至 2.5 利用等电点沉淀。

酵母 RNA 含量达 2.67%~10.0%，而 DNA 含量仅为 0.03%~0.516%，因此提取 RNA 多以酵母为原料。RNA 含有核糖、嘌呤碱、嘧啶碱和磷酸各组分。加硫酸煮可使 RNA 水解，从水解液中可用定糖、定磷和加银沉淀等方法测出上述组分的存在。

三、实验试剂与器材

1. 材料

干酵母粉。

2. 试剂

0.04mol/L 氢氧化钠溶液、95%乙醇、1.5mol/L 硫酸、浓氨水、0.1mol/L 硝酸银。

（1）酸性乙醇溶液　30mL 乙醇加 0.3mL 盐酸。

（2）三氯化铁浓盐酸溶液　将 2mL 100g/L 三氯化铁（$FeCl_3 \cdot 6H_2O$）溶液加入 400mL 浓盐酸。

（3）苔黑酚（3,5-二羟基甲苯）乙醇溶液　称取 6g 苔黑酚溶于 95%乙醇 100mL。

（4）定磷试剂

17%硫酸：将 17mL 浓硫酸（相对密度 1.84）缓缓倾入 83mL 水中；

25g/L 钼酸铵：2.5g 钼酸铵溶于 100mL 水中；

100g/L 抗坏血酸溶液：10g 抗坏血酸溶于 100mL 水，棕色瓶保存溶液。

临用时将三种溶液和水按下列比例混合：

V（17%硫酸）：V（25g/L 钼酸铵）：V（100g/L 抗坏血酸）：V（水）= 1∶1∶1∶2

3. 器材

移液管或移液器、10mL 和 50mL 量筒、滴管、水浴锅、离心机。

四、实验步骤

1. RNA 的提取

（1）称取 5g 干酵母粉悬浮于 30mL 0.04mol/L 氢氧化钠溶液中，并在研钵中研磨均匀；

（2）悬浮液转入三角烧瓶，沸水浴加热 30min，冷却，转入离心管；

（3）以 4000r/min 离心 15min 后，向上清液中慢慢倾入 10mL 酸性乙醇，边加边搅动。加毕，静置；

（4）待 RNA 沉淀完全后，以 3000r/min 离心 3min，弃去上清液；

（5）用 95%乙醇洗涤沉淀两次，再用乙醚洗涤沉淀一次后，用乙醚将沉淀转移至布氏漏斗抽滤，沉淀在空气中干燥。称量所得 RNA 粗品的质量。

2. RNA 组分鉴定

取 2g 提取的核酸，加入 1.5mol/L 硫酸 10mL，沸水浴加热 10min 制成水解液，然后进行组分鉴定。

（1）嘌呤碱　取水解液 1mL 加入过量浓氨水。然后加入 1mL 0.1mol/L 硝酸银溶液，观察有无嘌呤碱银化合物沉淀。

（2）核糖　取水解液 1mL，三氯化铁浓盐酸溶液 2mL 和苔黑酚乙醇溶液 0.2mL。置于沸水浴中 10min。注意观察核糖是否变成绿色。

（3）磷酸　取水解液 1mL，加定磷试剂 1mL。在水浴中加热观察溶液是否变成蓝色。

五、实验结果与分析

干酵母粉 RNA 含量计算公式，如式（5-3）所示。

$$\text{干酵母粉 RNA 含量}(\%) = \frac{\text{RNA 质量}(g)}{\text{干酵母粉质量}(g)} \times 100 \tag{5-3}$$

思考题

1. 为什么用稀碱溶液可以使酵母细胞裂解？
2. 如何从酵母中提取到纯度较高的 RNA？

实验五　RNA 聚丙烯酰胺凝胶电泳

一、实验目的

掌握 RNA 的聚丙烯酰胺凝胶电泳的原理与方法。

二、实验原理

RNA 分子在一定 pH 的缓冲液中带有电荷，将其放入电场中，可向与其所带电荷电性相反的电极移动。聚丙烯酰胺凝胶具有分子筛效应，核酸分子大小、形状不同，故在电场作用下，核酸分子在聚丙烯酰胺凝胶中泳动速度不同，依此可达到分离纯化的目的。

相对分子质量较小的 RNA 可用较高浓度凝胶，例如，tRNA 水解碎片的电泳用 80g/L 或更高浓度的聚丙烯酰胺。*N*，*N'*-亚甲基双丙烯酰胺占丙烯酰单体的比例（交联度）应随凝胶浓度的改变而不同。当凝胶浓度大于 50g/L 时，交联度可为 2.5%；凝胶浓度小于 50g/L 时，交联度需增至 5%。丙烯酰胺含量低于 30g/L 时，由于凝胶太软，不易操作，常加 3g/L 琼脂糖，以增加凝胶的机械强度。

三、实验试剂与器材

1. 试剂

（1）200g/L 单体母液　取重结晶的丙烯酰胺 19.0g 及 *N*，*N'*-亚甲基双丙烯酰胺 1.0g，蒸馏水溶解，稀释至 100mL。

（2）Tris-硼酸-EDTA（TBE）缓冲液　称取 Tris 108.8g，硼酸 55.0g，Na_2EDTA 9.3g，用蒸馏水溶解，稀释至 1000mL，pH 8.3。用作电极缓冲液时再稀释 10 倍。

（3）二甲基氨基丙腈（β-DMAPN）。

（4）16g/L 过硫酸铵溶液　称取 0.16g 过硫酸铵溶于 10mL 水中。

（5）200g/L 蔗糖-2g/L 溴酚蓝溶液　取蔗糖 20g，溴酚蓝 0.2g 溶于 100mL 水中。

（6）2g/L 亚甲基蓝染液　取 0.2g 亚甲基蓝溶于 100mL pH 4.7 的 0.4mol/L 乙酸缓冲液中，过滤后使用。

（7）6%乙酸　取乙酸 60mL 加水至 1000mL。

2. 器材

电泳仪、玻璃管、试管架、穿刺针头、注射器。

四、实验步骤

1. 制胶

（1）取玻璃管（8cm×0.5cm）2 支，下端用胶布封闭管口，垂直立在试管架上；

（2）取单体母液 3mL，缓冲液 1.5mL，β-DMAPN 0.06mL，水 10mL 混匀，再加过硫酸铵 0.94mL，混匀后立即分装于各管至刻度处，沿玻璃管加几滴水封面，静置待凝固。

2. 加样

（1）取少量 RNA 样品液和 RNA 标准液分别加入等体积的 200g/L 蔗糖－2g/L 溴酚蓝；

（2）剥去凝胶管下端胶布，倒出凝胶表面水，用电泳缓冲液洗涤凝胶表面三次，在凝胶管内加满缓冲液，插入电泳槽中，上下槽加足电泳缓冲液，每个凝胶管加 RNA 样品 10～20μL（含 RNA 50～100μg）。

3. 电泳

接通电泳仪电源，上槽接负极，下槽接正极。开始时电流应小一些，以 1～2mA 为宜。待样品进入凝胶后增加至每个凝胶管 3mA，调至所需电流并保持。待溴酚蓝溶液移至距离凝胶管下端 2cm 处关闭电源停止电泳，取出凝胶管。

4. 染色及观察

用 5mL 注射器吸满蒸馏水，安装上穿刺针头，使针尖紧贴玻管壁，边旋边向凝胶管侧壁注入水剥离凝胶；将凝胶放入染色液中染色 1h，再用 6%乙酸脱色，更换数次脱色液，直到背景清晰为止，一般需脱色 24h；将凝胶泡在 6%乙酸中，取出后在紫外灯下观察。

五、实验结果与分析

比较不同样品的电泳区带。

思考题

本实验的原理与关键步骤是什么？

第六章 酶

CHAPTER 6

实验一 酶的专一性

一、实验目的

1. 了解酶的专一性；
2. 掌握验证酶的专一性的基本原理及方法；
3. 学会排除干扰因素，设计酶学实验。

二、实验原理

酶是一种具有催化功能的蛋白质。酶蛋白结构（包括一级、二级、三级结构，有的具有四级结构）决定了酶的功能——酶的高效、专一催化化学反应的能力。酶的一级结构是酶的基本化学结构，是酶催化功能的基础。酶蛋白的一级结构决定了酶的空间构象，它的改变将使酶的催化功能发生相应的变化。这主要是由于酶分子中肽键和二硫键的断裂和联结所引起的。酶蛋白的二级、三级结构是所有酶都必须具备的空间结构，是维持酶活力部位所必需的构型。酶的活性部位，指的是酶蛋白质分子中直接与底物结合的一部分，而酶的活性中心则催化底物进行特定的化学反应。酶的二级和三级结构的改变，可以使酶遭受破坏而丧失其催化功能，也可以使酶形成正确的催化部位而发挥其催化功能。具有四级结构的酶，按其功能可分为两类，一类与催化有关，另一类与代谢调节关系密切。

酶催化作用的一个重要特点是具有高度专一性，即一种酶只能对某一种底物（此类底物在结构上通常具有相同的化学键）起催化作用，对其他底物无催化反应。根据各种酶对底物的选择程度不同，它们的专一性可以分为下列几种。

相对专一性：一种酶能够催化一类具有相同化学键或基团的物质进行某种类型的反应。例如，酵母蔗糖酶能专一地催化蔗糖的水解，生成葡萄糖和果糖，酶作用的专一部位是葡萄糖和果糖残基之间的糖苷键。棉籽糖是一种三糖，其分子组成为半乳糖-葡萄糖-果糖。由于棉籽糖的分子中具有与蔗糖相同的葡萄糖和果糖残基组成的糖苷键结构，故能被酵母蔗糖酶水解，产生蜜二糖和果糖。

绝对专一性：有些酶对底物的要求非常严格，只作用于一个底物，而不作用于任何其他物质。例如，脲酶只能催化尿素进行水解，生成二氧化碳和氨，它不能催化尿素以外的任何物质发生水解，不能使尿素发生水解以外的其他反应；麦芽糖酶只作用于麦芽糖而不作用于其他双糖；淀粉酶只作用于淀粉，而不作用于纤维素。

立体异构专一性：有些酶只能作用于底物的立体异构体中的一种，而对另一种则全无作用。例如，酵母中的蔗糖酶类只作用于D-型糖而不作用于L-型糖。

本实验以蔗糖酶和唾液淀粉酶对淀粉、蔗糖及棉籽糖的催化作用，观察酶的专一性。

检测蔗糖酶对底物的作用，采用班氏试剂，该试剂可与还原糖反应，生成红棕色氧化亚铜沉淀。反应式如下：

$$Na_2CO_3+2H_2O \longrightarrow 2NaOH+CO_2\uparrow+H_2O$$

$$CuSO_4+2NaOH \longrightarrow Cu(OH)_2\downarrow+Na_2SO_4$$

$$\text{还原糖（含—CHO 或 C═O）}+2Cu(OH)_2 \longrightarrow Cu_2O+2H_2O+\text{糖的氧化产物}$$

在分子结构上，淀粉几乎没有半缩醛基，而蔗糖、棉籽糖全无半缩醛基，它们均无还原性，因此它们与班氏试剂无呈色反应。淀粉受淀粉酶水解，产物为葡萄糖；蔗糖和棉籽糖受蔗糖酶水解，其产物为果糖和葡萄糖，它们都为具有自由半缩醛基的还原糖，与班氏试剂共热，可产生红棕色氧化亚铜沉淀。本实验以此呈色反应观察淀粉酶、蔗糖酶对淀粉、蔗糖及棉籽糖的水解作用。

三、实验试剂与器材

1. 试剂

20g/L 蔗糖溶液、20g/L 棉籽糖溶液、5g/L 淀粉（含 3g/L 氯化钠）溶液、啤酒酵母或干酵母、新鲜唾液、淀粉、蔗糖、棉籽糖。

蔗糖酵液（学生自制）：称取干酵母 2g 置于研钵中，并加入少许蒸馏水及石英砂，用力研磨，提取 0.5~1h，加蒸馏水 25mL，以 5000r/min 离心 10min，取上清液（蔗糖酵液）备用。

唾液淀粉酶液（学生自制）：取 1mL 唾液至 50mL 量筒中，用蒸馏水稀释至 50mL，用棉花过滤备用。唾液稀释倍数因人而异，可稀释 50~400 倍，甚至更高。

班氏试剂：溶解 85g 柠檬酸钠于 400mL 水中，另溶解 8.5g 硫酸铜于 50mL 热水中，将硫酸铜溶液缓慢倾入柠檬酸钠-碳酸钠溶液中，边加边搅拌，如有沉淀，可过滤。本试剂可长期使用，如放置时间过久，出现沉淀，可取用其上清液。

2. 器材

天平、研钵、离心机、恒温水浴箱。

四、实验步骤

1. 检查试剂

取 4 支试管，按表 6-1 操作。

表 6-1 检查试剂

试剂处理	试管编号			
	0	1	2	3
5g/L 淀粉（含 3g/L 氯化钠）溶液/mL	—	3	—	—
20g/L 蔗糖溶液/mL	—	—	3	—
20g/L 棉籽糖溶液/mL	—	—	—	3
蒸馏水/mL	3	—	—	—
班氏试剂/mL	2	2	2	2
摇匀，置于 100℃ 恒温水浴保温 2~3min				
记录观察结果				

2. 淀粉酶的专一性

取 4 支试管，按表 6-2 操作。

表 6-2 淀粉酶的专一性

试剂处理	试管编号			
	1	2	3	4
5g/L 淀粉（含 3g/L 氯化钠）溶液/mL	3	—	—	—
20g/L 蔗糖溶液/mL	—	—	3	—
20g/L 棉籽糖溶液/mL	—	—	—	3
蒸馏水/mL	—	—	—	3
唾液淀粉酶液/mL	1	1	1	1
班氏试剂/mL	2	2	2	2
摇匀，置于 100℃ 恒温水浴保温 2~3min				
记录观察结果				

3. 蔗糖酶的专一性

取 4 支试管，按表 6-3 操作。

表 6-3 蔗糖酶的专一性

试剂处理	试管编号			
	1	2	3	4
5g/L 淀粉（含 3g/L 氯化钠）溶液/mL	3	—	—	—
20g/L 蔗糖溶液/mL	—	3	—	—
20g/L 棉籽糖溶液/mL	—	—	3	—
蒸馏水/mL	—	—	—	3
蔗糖酶溶液/mL	1	1	1	1

续表

试剂处理	试管编号			
	1	2	3	4
摇匀，置于 37℃恒温水浴保温 15min				
班氏试剂/mL	2	2	2	2
摇匀，置于 100℃恒温水浴保温 2～3min				
记录观察结果				

五、实验结果与分析

记录观测到的结果并分析原因。

思考题

1. 观测酶专一性实验为什么要设计这 4 组实验？每组各有何意义？蒸馏水有何作用？
2. 将酶液置于 100℃恒温水浴保温 10min 后，重做操作步骤 2、3，观测有何结果？在此实验中，为什么要用 5g/L 淀粉（3g/L 氯化钠）溶液？3g/L 氯化钠的作用是什么？

实验二　过氧化氢酶米氏常数测定

过氧化氢酶米氏常数测定

一、实验目的

1. 掌握测定米氏常数的原理和方法；
2. 学习并掌握一般的数据处理方法。

二、实验原理

底物浓度影响遵循米氏方程，如式（6-1）所示。

$$\nu=\frac{V_{max}[S]}{K_m+[S]} \tag{6-1}$$

式中　v——酶促反应速度，mmol/(L·min)；

V_{max}——最大反应速度，mmol/(L·min)；

$[S]$——底物浓度，mmol/L；

K_m——米氏常数，mmol/L。

当底物浓度远小于 K_m，增加底物浓度，反应速度增加，反应速度与底物浓度成正比，表现为一级反应特征。当底物浓度远大于 K_m 时，公式近似为 $\nu=V_{max}$，反应速度不再增加，表现为零级反应。

酶促反应中的米氏常数的测定和 V_{max} 的测定有多种方法，例如，固定反应中酶浓度，然后测试几种不同底物浓度下的起始速度，即可获得 K_m 和 V_{max}。但直接从起始速度对底物浓度的图中确定 K_m 和 V_{max} 是很困难的，因为曲线接近 V_{max} 时是个渐进过程。因此，通常情况下，都是通过米氏方程的双倒数形式来测定，即双倒数方程（Double-Reciprocal Plot），如式（6-2）所示。

$$V=\frac{V_{max}[S]}{K_m+[S]}\rightarrow\frac{1}{V}=\frac{K_m}{V_{max}}\times\frac{1}{[S]}+\frac{1}{V_{max}} \tag{6-2}$$

用 $1/V$ 对 $1/[S]$ 作图，即可得一条直线，该直线在纵轴上的截距为 $1/V_{max}$，在横轴上的截距即为 $1/K_m$ 的绝对值，斜率为 K_m/V_{max}。如图（6-1）所示。

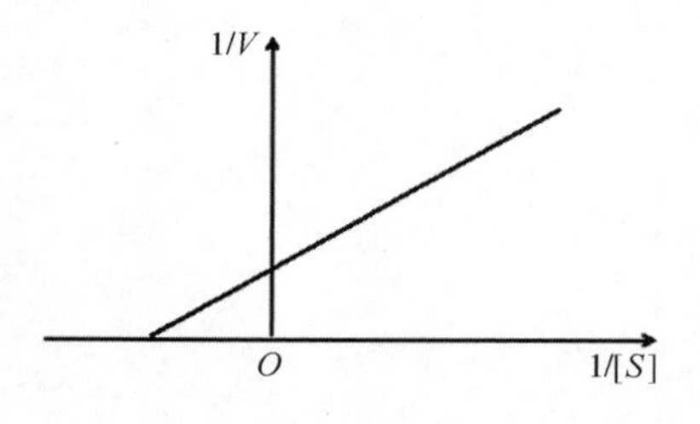

图 6-1　用 $1/V$ 对 $1/[S]$ 作图确定 K_m 和 V_{max}

过氧化氢酶催化，$2H_2O_2\rightarrow 2H_2O+O_2\uparrow$，反应一定的时间后，剩余过氧化氢的量可以通

过 $KMnO_4$ 滴定测出：

$$2KMnO_4+5H_2O_2+3H_2SO_4 \rightarrow 2MnSO_4+K_2SO_4+5O_2\uparrow+8H_2O$$

三、实验试剂与器材

1. 试剂

0. 02mol/L 磷酸盐缓冲液（pH 7. 0）、25%硫酸。

0. 01mol/L 高锰酸钾：称取高锰酸钾 1. 6g，加蒸馏水 1000mL，煮沸 15min，2d 后过滤，棕色瓶保存。

0. 05mol/L 过氧化氢：30%过氧化氢 23mL 加入 1000mL 容量瓶中，加蒸馏水至刻度。

2. 器材

电子天平、搅拌机、漏斗、锥形瓶、移液枪或移液管、计时器、滴定管。

四、实验步骤

1. 酶液 I 的提取

称取马铃薯 40g，加入磷酸缓冲液 80mL，充分匀浆后，真空抽滤。

2. 反应速度的测定

取 6 个 50mL 锥形瓶，先加 0. 05mol/L 过氧化氢和蒸馏水，添加量如表 6-4 所示。加入酶液后立即混合摇匀并开始记录时间，静置 5min 后，立即加入 25%硫酸 2. 0mL，边加边摇，终止酶促反应。最后用标准 0. 01mol/L 高锰酸钾滴定剩余的过氧化氢至微红色，记录高锰酸钾消耗量。

表 6-4　　反应速度的测定　　单位：mL

试剂	锥形瓶编号					
	0	1	2	3	4	5
过氧化氢溶液	0	1. 00	1. 25	1. 67	2. 5	5
蒸馏水	9. 5	8. 5	8. 25	7. 83	7. 00	4. 50
酶液	0. 50	0. 50	0. 50	0. 50	0. 50	0. 50

五、实验结果与分析

K_m 的测定数据，记录于表 6-5 中。

计算出有关数据，在坐标纸上作图求出 K_m。

表 6-5　　K_m 的测定

项目	锥形瓶编号					
	0	1	2	3	4	5
①加入过氧化氢的体积/mL						
②高锰酸钾的用量/mL						
③加入过氧化氢的物质的量/mmol						

续表

项目	锥形瓶编号					
	0	1	2	3	4	5
④剩余过氧化氢的物质的量/mmol =②×0.01×2.5						
⑤反应速度 V=(③-④)÷5						
⑥底物浓度 [S]=③÷10						
⑦1/V=1÷⑤						
⑧1/[S]=1÷⑥						

思考题

1. 测定米氏常数有何意义?
2. 米氏常数测定会受到哪些实验条件的影响?

实验三　温度和离子对唾液淀粉酶活力的影响

温度和离子对唾液淀粉酶活力的影响

一、实验目的

1. 了解温度和离子对酶活力的影响；
2. 学习测定酶最适温度的原理和方法。

二、实验原理

酶的催化反应受温度影响很大，每一种酶所催化的反应，在一定条件下，酶仅在某一温度范围内表现出最大的活力。酶活力最大时的温度称为该酶的最适温度，高于或低于最适温度时，酶活力逐渐下降。因此，酶促反应与温度的关系，用酶活力对温度作图，所得曲线通常具有钟罩形曲线特征。

温度对酶催化的反应过程有双重影响，一方面在一定范围和条件下，温度的升高使其反应速度加快，直至达到最大值；另一方面由于酶是蛋白质，温度的升高促使蛋白质逐渐变性，发生热失活，使反应速度越来越低，直至酶活力全部丧失。酶本身的热失活与底物浓度、pH、离子强度等许多因素有关。因此研究温度对酶作用的影响常常把热失活和温度对酶活力的影响区别开来，因为两者机制不同。

最适温度是酶促反应的特性之一，但不是酶的特征常数，易受到其他条件（如底物、作用时间、pH 等）的影响而改变，故不是固定不变的常数。例如，最适温度随着作用时间的长短而改变，作用时间越长，酶的最适温度越低，反之，最适温度则越高。因此，在实验测定某种酶的最适温度时，必须注意时间因素。同时，这也说明酶最适温度的测定只是在相同条件下才有意义。

酶对温度是很敏感的，各种酶都有对热稳定的温度，在一定的温度范围内，该酶是相当稳定的，不发生热失活现象。酶的失活温度与酶蛋白的变性温度很接近，说明酶的热失活是由于蛋白质的变性而引起的。酶的稳定温度也不是不变的常数，因为酶对温度的稳定性与溶液 pH、酶浓度、底物和抑制剂的存在等有关，所以当作用时间等条件改变时，稳定温度也随之改变。有些酶的稳定温度可在加入某些保护剂后而获得提高，如细菌 α-淀粉酶在加入适量氯化钙后可提高其稳定温度，并能在较长时间内不丧失活力。酶对温度的稳定性还与其存在的状态有关。例如，酶的固体制剂（或结晶）甚为稳定，不易受温度影响，适宜于长期储存，而溶液中的酶则很不稳定，易受温度影响和微生物污染，难以长期保存而不丧失其活力。一般在低温时能降低或抑制酶的活力，当温度在 0℃ 以下时，反应速度接近于零。如果温度逐渐提高，反应速度也逐渐加快。

测定温度与酶活力关系的方法是，选择一定的条件，先把底物浓度、酶浓度、反应时间、pH 等固定在最适状态下，然后在一系列不同温度条件下，进行反应初速度的测定，以酶反应初速度对温度作图，可以得一个钟罩形曲线，即温度-酶活力曲线，酶活力最大值时的温度即为最适温度。

不同的离子对酶活力表现出不同的活化或抑制作用。例如，氯离子为唾液淀粉酶的活性剂，铜离子为抑制剂。

本实验利用唾液淀粉酶为试验对象，在30~55℃选择不同的温度，以及加入不同的离子进行酶活力测定。根据淀粉被唾液淀粉酶水解的程度的不同，遇碘呈现颜色的变化来判断酶活力的大小及最适温度，并判断不同离子对酶起到激活还是抑制作用。

三、实验试剂与器材

1. 材料

新鲜唾液、淀粉。

2. 试剂

5g/L 淀粉（含 3g/L 氯化钠）溶液、1g/L 淀粉溶液、碘化钾-碘溶液、10g/L 硫酸铜溶液、10g/L 氯化钠溶液、10g/L 硫酸钠溶液。

唾液淀粉酶液：漱口，含一大口纯净水 30s，吐出。取唾液 1mL，用蒸馏水稀释至 50mL。唾液稀释倍数因人而异，可稀释 50~400 倍，甚至更高。

3. 器材

试管及试管架、恒温水浴箱。

四、实验步骤

1. 观察温度对酶活力的影响，取 6 支试管，按表 6-6 操作。

表 6-6　温度对酶活力的影响

	管号					
	1	2	3	4	5	6
5g/L 淀粉（含 3g/L 氯化钠）溶液/mL	2	2	2	2	2	2
温度/℃	30	35	40	45	50	55
各保温 5min						
唾液淀粉酶液/mL	1	1	1	1	1	1
混匀后，置于各相应温度的恒温水浴保温 10min						
碘化钾-碘溶液/滴	1	1	1	1	1	1
记录颜色变化						

注意：找出准确的保温时间，是本实验的关键步骤之一。唾液淀粉酶液浓度可根据个人情况而定。通过水浴保温计时，反应时间最好在 5~10min，只有确定了准确的保温时间才能进行实验。

2. 观察离子对酶活力的影响，取 4 支试管，按表 6-7 操作。

表 6-7　　离子对酶活力的影响

	管号			
	1	2	3	4
1g/L 淀粉溶液/mL	1.5	1.5	1.5	1.5
唾液淀粉酶液/mL	0.5	0.5	0.5	0.5
10g/L 硫酸铜溶液/mL	0.5	—	—	—
10g/L 氯化钠溶液/mL	—	0.5	—	—
10g/L 硫酸钠溶液/mL	—	—	0.5	—
蒸馏水/mL	—	—	—	0.5
以上试管于最适温度下恒温水浴，保温 10min				
碘化钾-碘溶液/滴	2~3			
记录现象				

五、实验结果与分析

通过实验现象，结合所学相关知识，分析各组唾液淀粉酶的最适反应温度，以及哪些离子能对其产生激活或抑制作用。

思考题

1. 什么是酶的最适温度？有何用途？
2. 酶反应的最适温度是酶特性的物理常数吗？它与哪些因素有关？
3. 酶有哪些特性？影响酶活力的因素有哪些？在实际应用中应注意哪些问题？

实验四　pH 对酶活力的影响

一、实验目的

1. 了解 pH 对酶活力的影响；
2. 学习测定酶的最适 pH 的原理和方法。

二、实验原理

酶的催化活性与环境 pH 有密切的关系，通常酶只有在一定的 pH 范围内才具有活性，酶活力最高时的 pH，称为酶的最适 pH。高于或低于此 pH 时，酶的活力就会逐渐降低。因此，根据酶促反应与 pH 的关系，用酶活力对 pH 作图，通常得到的曲线具有钟罩形曲线特征。每种酶都有其最适 pH。例如，胃蛋白酶的最适 pH 为 1.5~2.5，胰蛋白酶的最适 pH 为 8。

酶的最适 pH 不是一个特征性的物理常数，对于同一个酶，其最适 pH 因酶的纯度、底物种类和浓度、缓冲液的种类和浓度的不同以及抑制剂的影响而有差异。例如，唾液淀粉酶最适 pH 为 6.8，但在磷酸缓冲液中，其最适 pH 为 6.4~6.6，而在乙酸缓冲液中，其最适 pH 则为 5.6。

pH 对酶活力的影响，主要是影响酶的活性部位上底物相关氨基酸残基的侧链基团的解离，这些基团随着 pH 的变化可以处于不同解离状态，使得酶和底物不能结合，或结合后不能进一步反应生成产物，从而影响酶的活性。在最适 pH 时，酶活性部位催化基团处于解离状态，最适宜与底物结合生成中间复合物并分解成产物。当低于或高于最适 pH 时，由于解离状态的改变，而使酶底物的结合能力降低，于是酶活力也相应地降低。pH 的影响比较复杂，构象的变化往往和结合及催化能力的变化交织在一起，不能截然分开。这里仅考虑活性部位基团的解离状态，未考虑非活性部位的情况，但这并不是说除了活性部位以外，就没有 pH 影响的问题。另外，过酸、过碱的环境可以使酶的空间结构破坏，引起酶蛋白的变性，因此有不可逆失活情况发生。不可逆失活是指活性完全丧失，可逆失活是指在条件适当改变后，活性可以恢复的情况。各种酶的 pH 稳定性是不同的，通过酶的 pH 稳定性检测，可以了解该酶稳定的 pH 范围。研究酶的最适 pH 和酸碱稳定性，能为酶的分离纯化及实际分析工作提供可靠和重要依据。

酶促反应最适 pH 的测定是把酶浓度、底物浓度、作用时间、反应温度等恒定在最适条件下，分别对一系列不同 pH 反应混合液样品进行活力测定，用酶活力对 pH 作图，可以得到一个钟罩形曲线（即 pH-活力曲线），酶活力最大值所对应的 pH 即为该酶的最适 pH。

本实验以唾液淀粉酶为试验对象，在不同 pH 缓冲液中测定酶活力，可以测出唾液淀粉酶在本实验条件下的最适 pH。

三、实验试剂与器材

1. 材料

新鲜唾液、淀粉。

2. 试剂

5g/L 淀粉（含 3g/L 氯化钠）溶液、0.2mol/L 磷酸氢二钠溶液、0.1mol/L 柠檬酸溶液、碘化钾-碘溶液。

唾液淀粉酶溶液（学生自备）：取唾液 1mL 放入 50mL 量筒中，用蒸馏水稀释至 50mL，用棉花过滤备用。唾液稀释倍数因人而异，可稀释 50~400 倍，甚至更高。

3. 器材

试管及试管架、恒温水浴箱、锥形瓶、量筒、精密 pH 试纸或 pH 计。

四、实验步骤

1. 缓冲液的配制

取 8 个 50mL 锥形瓶进行编号，按表 6-8 的配制比例，分别用移液管准确吸量一定体积的 0.2mol/L 磷酸氢二钠溶液和 0.1mol/L 柠檬酸溶液，分别加入已编号的锥形瓶内，充分混匀，配制 8 种 pH 不同的缓冲液（pH 5.0~8.0）。可用精密 pH 试纸或 pH 计检测。

表 6-8　pH 缓冲液的配制

锥形瓶号	0.2mol/L 磷酸氢二钠溶液/mL	0.1mol/L 柠檬酸溶液/mL	缓冲溶液的 pH
1	5.15	4.85	5.0
2	6.05	3.95	5.8
3	6.61	3.39	6.2
4	7.28	2.72	6.6
5	7.72	2.28	6.8
6	8.24	1.76	7.0
7	9.08	0.92	7.4
8	9.72	0.28	8.0

2. 保温时间的确定

保温时间指从加入酶液开始到从水浴中取出试管加入 1 滴碘化钾-碘溶液的时间。准确掌握保温时间是实验的关键步骤之一。

取 1 个试管，加入含 3g/L 氯化钠的 5g/L 淀粉溶液 2mL，加入 pH 6.8 磷酸二氢钠-柠檬酸缓冲液 3mL，及稀释 50~400 倍的唾液淀粉酶液 2mL。充分摇匀后，放入 37℃ 水浴中保温并计时。每隔 1min，用滴管取 1 滴混合液，置于点滴板上，加 1 滴碘化钾-碘溶液，检验淀粉水解程度，待呈橙黄色时（与碘化钾-碘液颜色类似），为进一步确定保温时间，应加 1 滴碘化钾-碘液至试管中，若为橙黄色，表示反应完全，记录所需保温时间。

若 2~3min 内，取出的保温液与碘化钾-碘液作用呈橙黄色，则说明酶活力太高，应酌情再稀释唾液淀粉酶，记下稀释倍数。若保温时间超过 15min 以上，说明酶活力太低，要提高酶的浓度。选择最佳的保温时间最好在 8~15min 以内。因此，要掌握好唾液淀粉酶的稀释倍数，确定准确的保温时间才能进行下一步实验。

3. 最适 pH 的测定，观察 pH 对酶活性的影响

取 8 个试管，编号后按表 6-9 顺序加样。分别吸量 3mL 已配制好的 8 种不同 pH 的缓冲液，加入各相应编号（1~8 号）的试管中，再向各试管中加入 5g/L 淀粉（含 3g/L 氯化钠）溶液 2mL，混匀，待测定酶活力。

按 1~2min 的间隔，依次向 1~8 号管中各加入稀释的唾液淀粉酶液 2mL，迅速混匀，并以 1~2min 的间隔依次将 8 个试管放入 37℃ 恒温水浴箱中保温。保温时间参考操作步骤 2。精确反应若干分钟，反应时间一到，依次迅速取出各管，立即加入碘液 2 滴，充分混匀。根据各管所呈现颜色的差异，可以观察到 pH 对唾液淀粉酶活性的显著影响，从有规律的顺序变化可以看到在不同 pH 条件下淀粉被水解的程度，将颜色变化记录在表 6-9 中。

表 6-9 pH 对唾液淀粉酶活力的影响

	管号							
	1	2	3	4	5	6	7	8
反应 pH	5.0	5.8	6.2	6.6	6.8	7.0	7.4	8.0
缓冲溶液/mL	3	3	3	3	3	3	3	3
5g/L 淀粉（含 3g/L 氯化钠）溶液/mL	2	2	2	2	2	2	2	2
稀释酶溶液/mL	2	2	2	2	2	2	2	2
充分摇匀，置于 37℃ 恒温水浴保温，到达保温时间后，每隔 1min 依次取出								
碘化钾-碘溶液/滴	1	1	1	1	1	1	1	1
纪录颜色变化								

4. 绘制 pH-酶活力曲线，确定唾液淀粉酶的最适 pH

以反应液 pH 为横坐标，反应液颜色的深浅不同（代表酶活力的大小）为纵坐标，绘制 pH-酶活力曲线（钟罩形），便能够判断和确定唾液淀粉酶在本实验条件下的最适 pH。根据同一种酶在不同 pH 条件下所表现出活力大小的不同，其表现活力最大时对应的 pH 即为酶的最适 pH。

注意事项：

（1）确定操作 2 的准确保温时间，是实验能否成功的关键。用滴管取保温液前后，均应将试管内溶液混匀，取出保温液后，滴管仍放回试管中一起保温。

（2）碘化钾-碘液不要过早地加到点滴板上，以免碘液挥发，影响显色效果。

（3）加入酶液后，务必充分摇匀，保证酶与全部淀粉液接触并反应，才能得到理想的颜色梯度变化结果。

五、实验结果与分析

根据实验结果分析 pH 对酶活力的影响。

思考题

1. 什么是酶的最适pH？改变pH对酶活力有何影响？
2. 为什么酶的最适pH不是一个物理常数？请阐明理由。
3. 本实验应注意哪些关键点？

实验五　蛋白水解酶活力测定（福林-酚法）

一、实验目的

学习蛋白水解酶活力测定的基本原理和方法。

二、实验原理

蛋白水解酶能催化蛋白质的肽键水解，使蛋白质分子内的肽键断裂，生成游离的氨基酸和短肽。蛋白水解酶活力越大，则蛋白质被水解的肽键越多，生成的氨基酸也越多。不同来源的蛋白水解酶对肽链中不同肽键水解的专一性程度各不相同，因此底物经某种蛋白水解酶作用后，不是将所有的肽键都水解，而是选择性地催化水解其中一些肽键。例如，胰蛋白酶专一性地水解精氨酸（Arg）和赖氨酸（Lys）羧基一侧所形成的肽键。蛋白水解酶对蛋白质的水解方式可分为肽链内切酶（又称内肽酶）和肽链端解酶（又称外肽酶）两类。一般肽链内切酶统称为蛋白酶，它们能使蛋白质多肽链内部的肽键裂解，生成相对分子质量较小的肽片段。而肽链端解酶则可分别从蛋白质多肽链的N端或C端逐一将肽键顺序裂解，生成游离的氨基酸。

酶活力测定是根据在一定条件下（温度、pH、底物浓度等），酶催化某一化学反应的速度来确定的。在一定条件下酶所催化的反应速度称为酶活力，所以，酶活力的测定也就是酶催化反应速度的测定。通常酶活力单位是通过在最适条件下，单位时间内被酶催化作用的底物减少量或产物的生成量来表示的。按照国际酶学委员会的规定，1个酶活力单位是指在特定的条件下，每分钟内催化生成1μmol产物（或转化1μmol底物）的酶量，但在实际应用中不够方便，因此在科研和生产实际工作中常采用各自规定的单位。目前国内通用的蛋白水解酶活力单位规定，在40℃及pH 7.0条件下以酪蛋白为底物，每分钟水解产生1μg酪氨酸的酶量为1个活力单位。

本实验中蛋白酶的活力大小是以水解生成酪氨酸（产物）的量来表示，所以在测定酶活力前必须制作酪氨酸标准曲线，用已知不同浓度的酪氨酸（标准品）与福林-酚试剂作用，生成蓝色物质，再用分光光度法进行比色测定，作出酪氨酸标准曲线。然后将酶和底物的反应产物与福林-酚试剂作用，测出吸光度，从酪氨酸标准曲线上查出相当于酪氨酸的质量（μg），从而计算出蛋白酶的活力单位，并确定该酶的活力大小。

三、实验试剂与器材

1. 材料

枯草杆菌蛋白酶或胰蛋白酶、酪蛋白。

2. 试剂

0.6mol/L Na_2CO_3 溶液、福林-酚乙试剂、100g/L三氯乙酸溶液。

（1）标准酪氨酸溶液　称取100mg酪氨酸（预先在105℃烘箱中烘至恒重），加0.1mol/L

HCl 溶液溶解后定容至 100mL，临用时再用水稀释 10 倍，即得到 100mg/L 酪氨酸溶液。

（2）0. 2mol/L 磷酸缓冲液　A 液：71. 64g $Na_2HPO_4 \cdot 12H_2O$ 加蒸馏水溶解后定容至 1000mL；

B 液：31. 21g $NaH_2PO_4 \cdot 2H_2O$ 加蒸馏水溶解后定容至 1000mL；

取 A 液 61mL，加 B 液 39. 0mL，混合后即为 pH 7. 0 的 0. 2mol/L 磷酸缓冲液。

（3）蛋白水解酶液（任选一种）　枯草杆菌蛋白酶液：称取枯草杆菌中性蛋白酶 0. 5g，用 pH 7. 0 0. 2mol/L 磷酸缓冲液 50mL 进行抽取，室温浸泡 1h，并时加搅拌，过滤，滤液再用 pH 7. 0 0. 2mol/L 磷酸缓冲液稀释到适当溶度。

胰蛋白酶液：称取胰蛋白酶 1g，用 pH 7. 0 0. 2mol/L 磷酸缓冲液 100mL 完全溶解，过滤，滤液再用 pH 7. 0 0. 2mol/L 磷酸缓冲液稀释至适当溶度。

（4）酪蛋白溶液：称取酪蛋白 2g，置于 100mL 三角瓶中，加入 0. 2mol/L Na_2HPO_4 溶液 61mL，在水浴上加热搅拌使其溶解，冷却后过滤除去不溶物，加入 0. 2mol/L $Na_2H_2PO_4$ 溶液 39mL，并补水定容至 100mL，即为 pH 7. 0 20g/L 酪蛋白溶液。

3. 器材

试管及试管架、小漏斗、滤纸、烧杯、恒温水浴箱、分光光度计。

四、实验步骤

1. 酪氨酸标准曲线的制作

取 6 个试管编号，按表 6-10 所列顺序加入标准酪氨酸溶液及蒸馏水，配成一系列不同浓度的酪氨酸溶液，再分别加入 0. 6mol/L Na_2CO_3 溶液与福林-酚乙试剂，并迅速混合均匀，置于 40℃ 恒温水浴中显色 20min，取出冷至室温或放入冷水中冷却，然后在分光光度计上，选用 680nm 波长，以 1 号管为空白对照，测定各管吸光度（A_{680}），以酪蛋白浓度为横坐标，吸光度为纵坐标，绘制出酪氨酸标准曲线。

表 6-10　　酪氨酸标准曲线

试剂	管号						
	1	2	3	4	5	6	7
酪氨酸/(mg/L)	0	10	20	30	40	50	60
100mg/L 标准酪氨酸/mL	0. 0	0. 1	0. 2	0. 3	0. 4	0. 5	0. 6
蒸馏水/mL	1. 0	0. 9	0. 8	0. 7	0. 6	0. 5	0. 4
0. 6mol/L Na_2CO_3 溶液/mL	5. 0	5. 0	5. 0	5. 0	5. 0	5. 0	5. 0
福林-酚乙试剂/mL	0. 5	0. 5	0. 5	0. 5	0. 5	0. 5	0. 5
混匀后，置于 40℃ 恒温水浴保温 20min							
A_{680}							

2. 蛋白水解酶的活力测定

取 3 个试管编号，每管中加入预先稀释好的酶液（约 1500 倍）1mL，1 号管为空白对照，2、3 号管为待测样品管。1 号管在加入酶液后应立即加入 100g/L 三氯乙酸溶液 2mL，使活性酶在未接触到底物前即已失活。另 2 个样品管再加入 1mL pH 7 酪蛋白溶液作为底物，迅速混匀，并立即放入40℃恒温水浴箱中准确保温10min。酶促反应时间一到，应迅速向2个样品管加入100g/L三氯乙酸溶液2mL，以终止酶反应。同时向1号管中加入1mL底物，摇匀。为了使蛋白质沉淀完全，将3个试管再放入40℃恒温水浴内保温10min，取出立即过滤，除去剩余的酪蛋白及酶蛋白。然后取各管滤液1mL分别移入另3个编号的试管中，各加入0.6mol/L Na_2CO_3 溶液5mL，摇匀，再加入福林-酚乙试剂0.5mL，迅速混匀，将其置于40℃水浴中显色20min，取出冷却后，测其吸光度。具体操作顺序可按表6-11进行。

表6-11 蛋白水解酶活力的测定

试剂	管号		
	1	2	3
酶溶液/mL	1	1	1
10%三氯乙酸溶液/mL	2	0	0
酪蛋白溶液/mL	0	1	1
混匀后，置于40℃恒温水浴保温10min			
10%三氯乙酸溶液/mL	0	2	2
酪蛋白溶液/mL	1	0	0
混匀后，置于40℃恒温水浴保温10min，过滤			
酶解溶液/mL	1	1	1
0.6mol/L Na_2CO_3 溶液/mL	5	5	5
福林-酚乙试剂/mL	0.5	0.5	0.5
混匀后，置于40℃恒温水浴保温20min			
A_{680}			

五、实验结果与分析

酶活力计算：由上述样品中测得的吸光度（A），从酪氨酸标准曲线上查出对应酪氨酸的质量（μg），按式6-3计算酶活力。

$$U_p=\frac{A}{10}\times4\times f \tag{6-3}$$

式中 U_p——蛋白水解酶活力，酶活力单位；

A——查得对应酪氨酸的质量，μg；

f——酶液的稀释倍数。

测定时取酶解滤液1mL，仅为酶促反应总体积的1/4，故应乘以4；由于酶促反应时间为10min，因此计算酶活力单位时，以每分钟催化水解底物生成1μg酪氨酸的酶量为1个酶的活力单位，故应除以10。

思考题

测定酶活力时，在具体操作上应注意哪些问题？

实验六　食品多酚氧化酶活力测定与酶抑制剂的作用

一、实验目的

1. 熟悉多酚氧化酶的结构、性质，了解多酚氧化酶在食品中的意义；

2. 掌握多酚氧化酶的作用机理和作用条件，以及食品中多酚氧化酶活力的测定原理和方法。

二、实验原理

多酚氧化酶（PO，EC. 1. 10. 3. 1）是植物体内普遍存在的可被分离得到的酚酶，是每个亚基含有一个铜离子作为辅基，以氧作为受氢体的一种末端氧化酶。酚酶催化着两类反应：①是羟基化作用，产生酚的邻羟基化；②是氧化作用，使邻二酚氧化为邻醌。

COOH　H_2N　HO　$1/2\ O_2$ ①　甲酚酶（或酪氨酸酶）　COOH　H_2N　HO　HO　$1/2\ O_2$ ② H_2O　儿茶酚酶（或酪氨酸酶）　COOH　H_2N　O　O

酪氨酸　3,4二羟基苯丙氨酸（多巴）（DOPA）　多巴醌

所以，酚酶是一种复合酶，是酚羟化酶，又称单酚氧化酶（酪氨酸酶）和双酚氧化酶的复合体。

L-酪氨酸在酪氨酸酶的作用下形成L-多巴，接着多巴被进一步催化氧化成为L-多巴醌。酪氨酸酶广泛存在于哺乳动物和植物中，植物酪氨酸酶与一些水果和蔬菜加工过程中的褐变有关；哺乳动物酪氨酸酶常见于黑色素细胞中，如皮肤、发囊和眼睛，并可特异性地产生类黑色素。酪氨酸酶在生物体合成黑色素的途径是：在氧气存在的条件下，酪氨酸酶能够催化单酚羟基化合物生成二酚羟基化合物（单酚酶活性），然后把邻二酚羟基氧化成邻醌（双酚酶活性），醌经过聚合反应形成类黑色素。

酪氨酸酶的作用底物具有一定的广泛性，并对底物邻位羟基的催化生成醌类化合物具有高度的特异性。

自然界中存在多种酚类化合物，但只有其中的一部分可以作为酪氨酸酶的底物。其中最重要的底物是儿茶素、3,4-二羟基苯丙氨酸（多巴）、3,4-二羟基肉桂酸酯（绿原酸）、酪氨酸、氨基苯酚和邻苯二酚等。

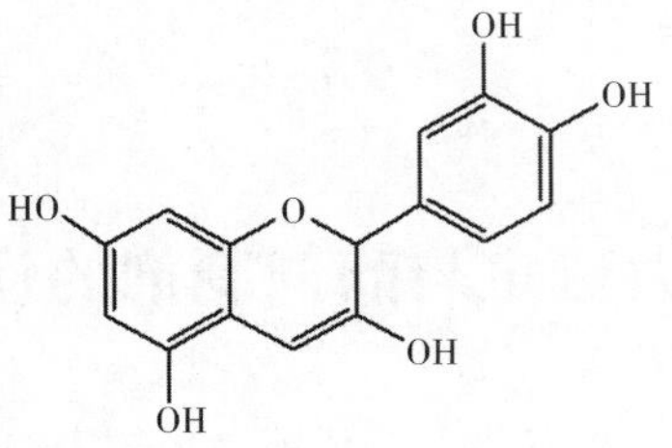

儿茶素 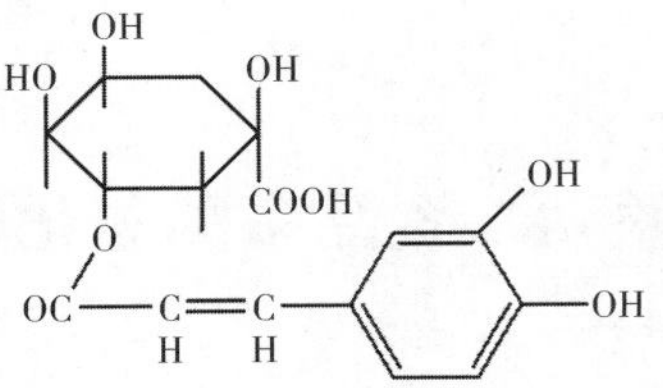　　绿原酸

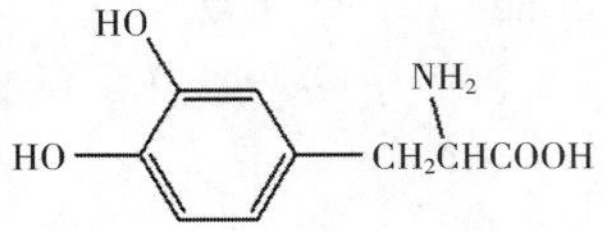

多巴 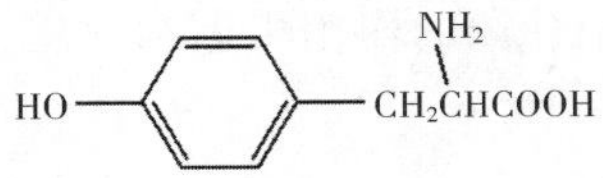　　酪氨酸

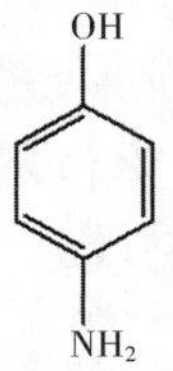

对氨基苯酚 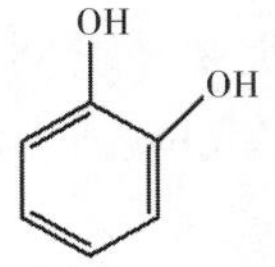　　邻苯二酚

实验采用盐析法提取酶，由于中性盐的亲水性大于酶或蛋白质的亲水性，当加入大量中性盐时，酶或蛋白质的水膜被脱去，表面的电荷被中和，从而沉淀出来。硫酸铵是一种常用的沉淀法提取酶的试剂。

在测定酪氨酸酶活力时，向含有酪氨酸酶的磷酸缓冲提取液中加入底物邻苯二酚或多巴，在390nm波长条件下，以磷酸缓冲液为参比，测定1min酶促反应液变化的吸光度。酶活力大小以每毫升酶液催化底物反应变化值ΔA_{390}除以酶液蛋白质总质量表示。

鉴于植物体内含有丰富的多酚氧化酶催化底物，褐变是果蔬及其产品加工过程中的主要劣变形式之一，通常酶促褐变占主导位置；此外，生物体皮肤细胞类黑色素的形成与酪氨酸酶活性调节密切相关，添加酪氨酸酶抑制剂可抑制酶的活力，机理如表6-12所示。实验提出了酪氨酸酶抑制剂研究内容，分别添加异构酯类、抗坏血酸类、植物黄酮类、无机类等抑制剂，探讨不同的抑制剂对酚酶引起的酶促褐变的抑制效果。实验采用抑制率达50%时的抑制剂浓度（IC_{50}）作为抑制剂抑制能力强弱的对比指标。

本实验对防止水果、蔬菜的褐变，延缓人体衰老保健品的制备，化妆品中皮肤增白作用以及因酪氨酸酶催化产生黑色素引起疾病的研究，具有一定的指导意义。

表6-12　抑制酪氨酸酶生物催化作用的主要机理

类型	主要机理
竞争型	底物类似物结合酶的活性中心抑制酶活性，如氢醌、间苯酚类等
非竞争型	抑制剂与酶活性中心以外的氨基酸残基结合及抑制剂对过氧自由基的清除作用

续表

类型	主要机理
混合型	抑制剂对酶活性中心的内源桥基的影响
缓慢结合型	抑制剂与酶快速形成复合物，此后经历一个缓慢的可逆异构化过程

三、实验试剂与器材

1. 材料

茄子、蘑菇等。

2. 试剂

（1）pH 6.8 0.1mol/L 磷酸钾缓冲液（内含 20mmol/L 抗坏血酸）。

（2）0.025mol/L 邻苯二酚溶液。

（3）牛血清蛋白标准溶液（1.0mg/mL）。

（4）考马斯亮蓝试剂　称 100mg 考马斯亮蓝 G-250，溶于 50mL 5%乙醇后，再加入 120mL 850g/L 磷酸，加水至 1000mL。

（5）酶抑制剂二氢杨梅素、芦丁溶液（用 50%乙醇溶解）。

（6）酶抑制剂抗坏血酸、异抗坏血酸溶液（用纯净水溶解）。

（7）酶抑制剂肉桂酰甘氨酸甲酯溶液［用二甲基亚砜（DMSO）溶解］。

3. 器材

分光光度计（带自动扫描功能）、冷冻离心机、电热恒温水浴锅、涡旋混合器、pH 计、组织匀浆机。

四、实验步骤

1. 多酚酶活力的测定

（1）粗酶提取　称取植物原料 25g 置于植物组织匀浆器中，与 50mL 冷的 0.1mol/L 磷酸缓冲液混合，匀浆 3min，用 4 层纱布过滤，滤液冷冻离心，以转速 6500r/min 离心 10min，收集上清液。记录上清液体积。

（2）盐析法沉淀提取酪氨酸酶　向粗酶液中加入固体硫酸铵使其达到 65%饱和度（25℃ 100mL 溶液应添加 43.0g），再以 6000r/min 离心 20min，收集沉淀。将沉淀物用 pH 6.8 缓冲液溶解至 10mL，备用。

（3）蛋白质标准工作曲线的制备　取 1.5mL 离心管，分别加入 0μL，25μL，50μL，100μL，125μL，150μL，200μL 牛血清蛋白标准溶液，补水至 200μL，再分别加入考马斯亮蓝染料 0.2mL，立即在涡旋混合器上混合，静置 5min 后，以试剂空白为参比，在 595nm 波长处测定各管的吸光度。记录实验结果。

（4）吸取 100μL 酶溶解液，用测定蛋白标准工作曲线的方法，测定酶液中的蛋白质含量。要求 A_{595} 应在蛋白标准工作曲线吸光度范围内。记录检测结果。

（5）多酚酶活力测定　取一小试管，加入 pH 6.8 的 0.1mol/L 磷酸钾缓冲液 0.93mL，0.025mol/L 邻苯二酚溶液 50μL，最后加入 20μL 酶液，混匀，以试剂空白为参比，用分光光度计在390nm波长处测定1min内试剂吸光度变化ΔA_{390}，记录检测结果。酶活力大小以每毫升酶液催化底物反应变化值ΔA_{390}除以酶液蛋白质质量表示。

2. 酶抑制剂对多酚酶活力的抑制作用

（1）抑制剂对多酚酶活力抑制反应　取6个样品管，分别加入pH 6.8 0.1mol/L磷酸钾缓冲液880μL，按顺序加入0μL，5μL，10μL，20μL，40μL，50μL抑制剂溶液，补DMSO溶液（或水，或50%乙醇，与酶抑制剂溶解试剂一致）至50μL，加入20μL酪氨酸酶溶液，混匀，于37℃保温10min，立即加入50μL邻苯二酚溶液，用涡旋混合器混匀，以950μL磷酸缓冲溶液、50μL DMSO（或水，或50%乙醇，与酶抑制剂溶解试剂一致）混合液为参比，测定390nm波长处酶反应液1min内吸光度的变化值ΔA_{390}。记录测定结果。

（2）在坐标纸上描点，并拟合曲线，从曲线中读取每种酪氨酸酶抑制剂的IC_{50}，记录实验结果。

五、实验结果与分析

蛋白质含量测定：根据标准工作曲线蛋白质溶液测定的吸光度，建立线性回归方程，根据酶样品测定的吸光度，计算酶液蛋白质含量。

$$蛋白质含量\ (\mu g/mL) = m/V \tag{6-4}$$

式中　m——检测样品A_{595nm}对应标准曲线的蛋白质含量，μg；

V——相当于检测样品的量，mL。

$$多酚酶活力 = \frac{\Delta A_{390}}{c_{蛋白}} \tag{6-5}$$

式中　ΔA_{390}——在390nm波长下，每毫升酶作用底物1min吸光度的变化值；

$c_{蛋白}$——催化反应酶液的蛋白质质量，μg。

不同原料多酚氧化酶活力的大小比较，如表6-13、表6-14所示。

表6-13　比较不同原料多酚氧化酶活力的大小

原料名称	测定酶液蛋白质含量	ΔA_{390}	多酚氧化酶活力

表6-14　酶抑制剂对多酚酶活力的抑制效果记录及评价

抑制剂名称	
IC_{50}	

思考题

1. 多酚氧化酶与底物发生氧化反应的原理是什么？
2. 简述测定多酚氧化酶活力的生理意义。

实验七　蔗糖酶分级沉淀提取

一、实验目的

1. 了解分级沉淀提取分离酶的实验原理，确定分级沉淀纯化蔗糖酶的实验方案，使用盐析法或有机溶剂法分级沉淀蔗糖酶；

2. 通过酶比活力、提纯倍数、提取率的测定，评定分级沉淀纯化蔗糖酶的效果。

二、实验原理

经研磨或超声波等方法提取得到的酶液，仍含有其他杂蛋白、多糖等物质，与目的酶相比，不纯物的含量较高，须进一步分离纯化，才能获得纯度较高的酶制品。分级沉淀提取是酶的初步纯化过程，常用的分级沉淀提取方法如下。

1. 盐析法

盐析法是提纯酶最早使用的方法，目前仍在广泛使用，它适用于许多非电解质物质的分离纯化。常用于盐析的盐类有硫酸铵、硫酸钠、氯化钠、硫酸镁等，其中硫酸铵因其具有以下优点而成为最常用的盐类：①有利于盐溶液浓度提高；②浓度系数小，即不同温度下溶解度变化小，当温度降低时，不至于因过饱和而析出；③分离效果好，不影响酶活力；④价格便宜，容易获得。

盐析法的原理是：大部分蛋白质在低盐溶液中比在纯水中易溶——盐溶现象。但是，当盐浓度升高到一定浓度时，蛋白质的溶解度反而降低，称为“盐析”。其原因是加入的盐在水中解离时，会夺走蛋白质颗粒表面的水分子，破坏水膜结构；同时，盐类解离后形成的带电离子如 NH_4^+、SO_4^{2+}，能中和蛋白质表面的电荷，使蛋白质沉淀。不同的酶或蛋白质在同一盐溶液中的溶解度不同，利用这一特性，先后添加不同浓度的盐，则可把其中不同的酶或杂蛋白分别盐析出来。

2. 有机溶剂沉淀法

这也是一种分级沉淀纯化酶的方法。其作用机理是破坏蛋白质的氢键，使其空间结构发生某种程度的变形，致使一些原来包在蛋白质内部的疏水基团暴露于表面，并与有机溶剂的疏水基团结合，形成疏水层，从而使蛋白质沉淀。另一方面，有机溶剂的加入，使蛋白质溶液的介电常数降低，增加了蛋白质分子电荷间的引力，导致蛋白质的溶解度下降。因不同种类的蛋白质在有机溶剂中的溶解度不同，故可利用此性质进行酶或蛋白质的分级提纯。乙醇和丙酮是常用的有机沉淀剂。

三、实验试剂与器材

1. 材料

干酵母。

2. 试剂

无水乙醇、固体硫酸铵、0.005mol/L PBS 缓冲液（pH 5.5）。

3. 器材

秒表或手表、超声波细胞破碎仪、冷冻离心机、721 型分光光度计、电热恒温水浴锅。

四、实验步骤

1. 活性干酵母蔗糖酶的提取

（1）细胞破碎　可以选用以下任意一种方法进行细胞破壁。

①研磨破壁：称取一定量的干酵母（记录质量），加入一定量的石英砂，分次加入适量的水或缓冲液研磨一定时间使之破壁；也可加入少量的甲苯溶剂一起研磨，以溶解细胞膜的脂质化合物，有助于加速细胞结构的破坏。

②超声波破壁：称取一定量的干酵母，加入经预冷的蒸馏水或适宜的 pH 缓冲液，充分混匀。选择适宜的输出功率、破壁时间，进行超声波破壁处理。

（2）离心分离　在冷冻条件下，选择合适的离心分离速度，去除母液中的菌体细胞，吸取中层清液备用。

2. 乙醇分级沉淀提取蔗糖酶

乙醇分级沉淀蔗糖酶，其最适浓度可通过实验来决定，常采用逐步提高乙醇浓度的方法来实现。为防止酶变性，有机溶剂的体积分数一般控制在 60%左右。实验过程中乙醇的用量可按式（6-6）计算。

$$V = V_0 \frac{S_2 - S_1}{S - S_2} \tag{6-6}$$

式中　V——应加入乙醇的体积，mL；

V_0——酶液的初始体积，mL；

S——乙醇试剂的体积分数，%；

S_1，S_2——酶液初始的乙醇体积分数及酶液需要达到的乙醇体积分数，%。

（1）取一定体积原酶液，边搅拌边缓慢加入所需的冷乙醇试剂，待酶液产生沉淀时，用高速冷冻离心机将固液分离，记录上清液的体积及其乙醇浓度。

（2）将离心沉淀物用 pH 5.5 缓冲液溶解，记录体积。

注：如果要获得较理想的分级提纯效果。需要根据沉淀物溶解液中酶活参数测定结果，进一步对分离得到的上清液补加乙醇，进行乙醇二次沉淀提取。再次测定沉淀溶解液中的蔗糖酶活力及蛋白质含量。比较沉淀溶解液的酶活参数，不断调整实验方案。

3. 硫酸铵分级沉淀提取蔗糖酶

（1）取一定体积的原酶液，在 0℃或 25℃的温度下，边搅拌边加入固体硫酸铵至一定的浓度，用高速冷冻离心机将固液分离，记录上清液的体积及其硫酸铵浓度。

（2）将离心沉淀物用 pH 5.5 缓冲液溶解，记录溶液体积。

如果要获得较理想的分级提酶效果，需要对沉淀物溶解液中酶活参数进行测定，根据结果，进一步对分离得到的上清液补加硫酸铵，进行硫酸铵二次沉淀提取。再次测定沉淀溶解液中的糖酶活力及蛋白质含量。比较沉淀溶解液酶活参数，不断调整实验方案。分段盐析固体硫酸铵的添加量可查附录。

（3）留取少量的原酶液、分级沉淀提取的酶液供以后电泳分析实验用。

注意事项：

（1）酶提取过程中，添加有机试剂时搅拌的速度不要过高，添加速度也不宜过快，以免局部溶剂浓度过高而引起酶失活。

（2）硫酸铵分级沉淀时，盐的饱和度可由低向高逐渐增加，每出现一种沉淀应进行分离。加盐时要分次加入，待盐溶解后继续添加，加完后缓慢搅拌 10~30min，使溶液浓度完全平衡，有利于酶的沉淀。

（3）比活力是酶的纯度指标，比活力越高，表示酶越纯，即单位蛋白质中酶催化反应的能力越大。但这仍是一个相对指标，并不能说明酶的实际纯度，要了解酶的纯度可通过电泳方法确定。

（4）提取率表示提纯过程中酶损失程度的大小，提取率越高，损失越少。

（5）提纯倍数可量度提纯过程中纯度提高的程度，提纯倍数大，表示该法纯化效果好。

（6）理想的纯化方法是既要有相当的提纯倍数，又要有较高的提取率；或者说既要能最大限度地除去杂蛋白，又要尽量保护酶蛋白不受损失。但实际上并不容易做到，往往是提纯倍数较高，提取率则偏低，反之，提取率较高的方法其提纯倍数低。因此，选择提纯方法，必须根据实际需要而定。一般来说，工业用酶对纯度要求较低，但用量大，故可选择提取率较高的方法；而试剂级、医用酶需要量少，但纯度要求高，应选用提纯倍数高的方法。

五、实验结果与分析

将实验结果记录到表 6-15、表 6-16 中。

表 6-15　乙醇分级沉淀提取蔗糖酶实验结果记录表

项目	乙醇体积分数/%	酶液体积/mL	蛋白质含量/mg
供试原酶液	0	实验粗酶体积	
乙醇一次沉淀			
乙醇二次沉淀			

注：酶液体积指经乙醇沉淀提取的沉淀物用缓冲液溶解后的总体积。

表 6-16　硫酸铵分级沉淀提取蔗糖酶实验结果记录表

项目	硫酸铵浓度/%	酶液体积/mL	蛋白质含量/mg
供试原酶液	0	实验粗酶体积	
一次沉淀			
二次沉淀			
三次沉淀			

注：酶液体积指硫酸铵沉淀提取物用缓冲液溶解后的总体积。

思考题

1. 高浓度的硫酸铵对蛋白质的溶解度有何影响？为什么？
2. 浓度较高的乙醇、丙酮对大部分蛋白质产生什么影响？
3. 盐析时选用合适的 pH 和酶浓度，对酶的分离有什么影响？
4. 盐析沉淀得到的酶制品可直接用在食品工业上吗？须做哪些处理？
5. 设计酶分级沉淀试验时，应注意哪些问题？

实验八　蛋白酶对蛋白质的水解作用

一、实验目的

1. 理解蛋白酶水解蛋白质的实验原理，学习酶解反应条件控制的实验设计方法；

2. 根据蛋白质原料和酶解液蛋白质含量测定、游离氨基酸态氮含量测定，掌握蛋白质水解度的计算方法，评价蛋白酶对蛋白质水解度以及氨基酸生成率的影响；

3. 测定水解前后原料和酶解产物中的氨基酸组成，评价不同实验条件下，酶对蛋白质水解效果的影响，熟悉测定蛋白质氨基酸组成的实验技术。

二、实验原理

酶是一种生物催化剂，其催化条件温和，具有高效性、专一性及可调控性。借助于这种生物催化剂，控制其催化条件，可制备出系列的目标酶解产品。蛋白酶是食品工业中最重要的一类酶，广泛应用于蛋白质的改性，调味品如酱油、鱼露及发酵酒的制备，功能性蛋白肽的研制等。

根据蛋白酶作用于蛋白质的方式，蛋白酶可分为以下两大类。

①内肽酶：从肽链内部水解肽键，主要得到较小的肽链产物；

②外肽酶：从肽链两端开始水解肽键，其作用方式又可分为从肽链氨基末端开始水解肽键的氨基肽酶和从肽链羧基末端开始水解肽键的羧基肽酶，两种方式均可获取单个氨基酸比例较高的蛋白质酶解产品。

常用蛋白酶的来源有：从动物消化道获取的蛋白酶，如胃蛋白酶、胰蛋白酶、凝乳酶等；从植物中获取的蛋白酶，如木瓜蛋白酶、菠萝蛋白酶、无花果蛋白酶等。蛋白酶水解底物可为动物蛋白或植物蛋白。

三、实验试剂与器材

1. 材料

蛋白质实验原料。

2. 试剂

内肽酶、外肽酶。

3. 器材

恒温水浴装置、pH 计、离心机、超声波破碎仪。

四、实验步骤

1. 蛋白质的水解

称取一定量的蛋白质原料（如牛乳），确定物料比，根据供试蛋白酶活力大小以及原料蛋白质含量加入蛋白酶（木瓜蛋白酶），探讨温度或酶解时间的变化对蛋白质酶解产物的影响。

2. 将酶解前样品进行超声波预处理，而后加入蛋白酶，确定酶解反应条件，探讨超声辅助预处理原料对蛋白质酶解反应效果的影响。

3. 酶解反应结束，沸水浴中加热。

4. 样品离心分离

将酶解后的样品装入两个离心管，等重称量后，对称放入离心机，以 4200r/min 离心 10min，取上清液备用。

五、实验结果与分析

将实验结果记录到表 6-17 中。

表 6-17 实验记录表

样品	原料/g	物料比	加酶量/μL	样品预处理方式	反应温度/℃	反应时间/min	上清液体积/mL

思考题

1. 什么是蛋白酶？
2. 蛋白酶在食品工业中有什么应用？

CHAPTER 7

第七章 物质代谢与生物氧化

实验一 脂肪酸 β-氧化测定（酮体测定法）

脂肪酸的 β-氧化（酮体测定法）

一、实验目的

1. 了解脂肪酸的 β-氧化作用；

2. 掌握测定 β-氧化作用的方法及其原理。

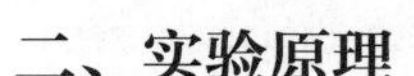

二、实验原理

本实验用丁酸作底物，将之与新鲜的肝匀浆一起保温后，再测定其中酮体的生成量。因为在碱性溶液中碘可以将丙酮氧化为碘仿（CHI_3），所以通过用硫代硫酸钠（$Na_2S_2O_3$）滴定反应剩余的碘就可以计算出所消耗的碘量，进而可以求出以丙酮为代表的酮体含量。

$$CH_3COCH_3+4NaOH+3I_2 \rightarrow CHI_3+CH_3COONa+3NaI+3H_2O$$

$$I_2+2Na_2S_2O_3 \rightarrow Na_2S_4O_6+2NaI$$

根据滴定样品与滴定对照所消耗的硫代硫酸钠溶液体积之差，就可以计算由丁酸氧化生成丙酮的量。

三、实验试剂与器材

1. 材料

新鲜鸡肝。

2. 试剂

0.1mol/L 碘溶液 100mL、0.5mol/L 正丁酸 100mL、0.1mol/L 硫代硫酸钠溶液 1000mL（使用时稀释至 0.01mol/L）、10%（体积分数）盐酸溶液 100mL、9g/L 氯化钠 2L、1g/L 淀粉溶液 100mL、150g/L 三氯乙酸 100mL、100g/L 氢氧化钠溶液 100mL。

磷酸缓冲液：磷酸氢二钠溶液 100mL，磷酸二氢钾溶液 100mL，按照体积比 9 : 1 混合。

3. 器材

滤纸、研钵、锥形瓶、碘量瓶、恒温水浴锅、离心机。

四、实验步骤

1. 肝糜的制备

取新鲜鸡肝适量，用9g/L氯化钠溶液洗去肝脏上的污血，然后用滤纸吸去表面的水分。称取2份肝组织各5g置于研钵中，加少量9g/L氯化钠溶液，研磨成细浆，再加9g/L氯化钠溶液至溶液总体积为10mL；然后将1份肝糜移入锥形瓶中90℃保温10min。

（1）取2个50mL锥形瓶，编号，按表7-1操作。

表7-1　肝糜的处理　单位：mL

试剂	瓶号	
	A瓶	B瓶
新鲜肝糜	0	2
水浴后的肝糜	2	0
pH 7.7磷酸缓冲液	3	3
0.5mol/L正丁酸溶液	2	2

（2）将加好试剂的2个锥形瓶摇匀，放入43℃恒温水浴锅中保温40min后取出。于2个锥形瓶中分别加入150g/L三氯乙酸溶液3mL，摇匀后，于室温放置10min。

（3）将锥形瓶中的混合液转移到离心管中，以4000r/min离心10min，收集无蛋白质的上清液放置于事先编号A、B的试管中。

2. 酮体的测定

（1）取碘量瓶2个，根据上述编号顺序按表7-2操作。

表7-2　酮体测定　单位：mL

试剂	瓶号	
	A瓶	B瓶
无蛋白滤液	5.0	5.0
0.1mol/L碘液	3.0	3.0
100g/L氢氧化钠溶液	3.0	3.0

（2）加完试剂后摇匀，将碘量瓶于室温放置10min。

（3）每个碘量瓶中分别滴加10%盐酸溶液，使各瓶中溶液中和到中性或微酸性（可用pH试纸进行检测）。

（4）用0.01mol/L硫代硫酸钠溶液滴定到碘量瓶中的溶液呈浅黄色时，往瓶中滴加数滴1g/L淀粉溶液，使瓶中溶液呈蓝色。

（5）继续用0.01mol/L硫代硫酸钠溶液滴定，直到碘量瓶中溶液的蓝色消退为止。

（6）记录下滴定时所用去的硫代硫酸钠溶液体积（mL），计算样品中丙酮的生成量。

五、实验结果与分析

根据滴定样品与对照组所消耗的硫代硫酸钠溶液体积之差，可以计算由于丁酸氧化生成丙酮的量。计算公式如式（7-1）所示。

$$每克肝脏的丙酮含量\ (mmol/g) = \frac{(V_0-V_1) \times c}{6\times m} \tag{7-1}$$

式中 V_0——滴定对照所消耗的0.01mol/L $Na_2S_2O_3$ 的体积，mL；

V_1——滴定样品所消耗的0.01mol/L $Na_2S_2O_3$ 的体积，mL；

c——标准 $Na_2S_2O_3$ 的浓度（0.01mol/L）；

m——所滴定的样品里含肝脏的质量，g。

思考题

1. 为什么测定碘仿反应中剩余的碘可计算出样品中丙酮的含量？
2. 什么是酮体？

实验二　糖酵解中间产物鉴定

糖酵解中间产物的鉴定

一、实验目的

1. 掌握糖酵解中间产物的鉴定方法和原理；
2. 熟悉通过酶的抑制作用调节代谢途径的方法；
3. 了解使中间产物堆积的方法对中间代谢研究的意义。

二、实验原理

利用碘乙酸对糖酵解过程中3-磷酸甘油醛脱氢酶的特异性且不可逆的抑制作用，使3-磷酸甘油醛不再向前变化而积累。硫酸肼作为稳定剂，用来保护3-磷酸甘油醛，防止其自发分解。然后，用2,4-二硝基苯肼与3-磷酸甘油醛在碱性条件下反应，形成2,4-二硝基苯肼-丙糖的棕色复合物，其棕色程度与3-磷酸甘油醛含量成正比，从而可证明糖的分解代谢过程中，含有3-磷酸甘油醛的中间产物。

三、实验试剂与器材

1. 材料

新鲜酵母。

2. 试剂

2,4-二硝基苯肼溶液100mL、0.56mol/L硫酸肼溶液50mL、50g/L葡萄糖溶液1L、100g/L三氯乙酸溶液200mL、0.75mol/L氢氧化钠溶液50mL、0.002mol/L碘乙酸溶液50mL。

3. 器材

小烧杯、发酵管试管、恒温水浴锅、滤纸。

四、实验步骤

取3支试管，编号，分别加入新鲜酵母0.3g，并按表7-3分别加入各试剂，混匀。

表7-3　　糖酵解中间产物的鉴定、发酵产生气泡观察

管号	50g/L 葡萄糖/mL	100g/L 三氯乙酸/mL	碘乙酸/mL	硫酸肼/mL	发酵时起泡量
1	10	2	1	1	
2	10	0	1	1	
3	10	0	0	0	

将各杯混合物分别倒入编号相同的发酵管内，放入37℃保温1.5h，观察发酵管产生气泡的量有何不同。

把发酵管中发酵液倾倒入同号小烧杯中并在2号和3号杯中按表7-4补加各试剂，摇匀后分别倒入离心管中以4000r/min离心10min，取上清液备用。

表7-4 糖酵解中间产物鉴定 单位：mL

管号	100g/L三氯乙酸	碘乙酸	硫酸肼
2	2	0	0
3	2	1	1

取3支试管，分别加入上述对应管的上清液0.5mL，并按照表7-5加入试剂并处理。

表7-5 糖酵解中间产物鉴定——二硝基苯肼反应 单位：mL

管号	上清液	0.75mol/L氢氧化钠溶液
1	0.5	0.5
2	0.5	0.5
3	0.5	0.5

室温放置10min后，分别向上述试管中加入0.5mL 2,4-二硝基苯肼，混匀后在38℃水浴保温20min，然后加入0.75mol/L氢氧化钠溶液3.5mL，观察实验结果。

五、实验结果与分析

观察实验结果，分析出现此现象的原因。

思考题

1. 如何检测糖酵解作用？
2. 实验中哪一发酵管生成的气泡最多？哪一管最后生成的颜色最深？为什么？

实验三　肌糖原酵解作用

一、实验目的

1. 学习鉴定糖酵解作用的原理与方法；
2. 了解酵解作用在糖代谢过程中的地位及生理意义；
3. 了解相关组织代谢实验应注意的有关事项。

二、实验原理

在动物、植物、微生物等许多生物机体内，糖的无氧分解几乎都按完全相同的过程进行。本实验以动物肌肉组织中肌糖原的酵解过程为例。肌糖原的酵解过程，即肌糖原在缺氧的条件下，经过一系列的酶促反应，最后转变成乳酸的过程。肌肉组织中的肌糖原首先磷酸化，经过己糖磷酸酯、丙糖磷酸酯、甘油磷酸酯等一系列中间产物，最后生成乳酸。该过程可综合成下列反应式：

$$1/n\ (C_6H_{10}O_5)_n + H_2O \rightarrow 2CH_3CHOHCOOH$$

肌糖原的酵解作用是糖类供给组织能量的一种方式。当机体突然需要大量的能量，而又供氧不足（如剧烈运动）时，糖原的酵解作用可暂时满足肌体能量消耗的需要。在有氧条件下，组织内糖原的酵解作用受到抑制，而有氧氧化则为糖代谢的主要途径。

糖原酵解作用的实验，一般使用肌肉糜或肌肉提取液。在用肌肉糜时，必须在无氧条件下进行实验；而用肌肉提取液，则可在有氧条件下进行实验。因为催化酵解作用的酶系统全部存在于肌肉提取液中，而催化呼吸作用（即三羧酸循环和氧化呼吸链）的酶系统，则集中在线粒体中。

糖原或淀粉的酵解作用，可从乳酸的生成情况来观测。在除去蛋白质与糖以后，乳酸可以与硫酸共热变成乙醛，后者再与对羟基联苯反应产生紫罗兰色物质，根据颜色的显现而加以鉴定。

该法比较灵敏，每毫升溶液含1~5μg乳酸即可出现明显的颜色反应。若有大量糖类和蛋白质等杂质存在，则严重干扰测定，因此实验中应尽量除净这些物质。另外，测定时所用的仪器应严格清洗干净。

三、实验试剂与器材

1. 材料

兔肌肉糜。

2. 试剂

15g/L对羟基联苯试剂：称取对羟基联苯1.5g，溶于100mL 5g/L氢氧化钠溶液，配成15g/L的对羟基联苯溶液。若对羟基联苯颜色较深，应用丙酮或无水乙醇重结晶。放置时间较长后，会出现针状结晶，应摇匀后使用。

5g/L 糖原溶液（或淀粉溶液）、200g/L 三氯乙酸溶液、氢氧化钙（粉末）、浓硫酸、饱和硫酸铜溶液、(1/15) mol/L 磷酸缓冲液（pH 7.4）。

3. 器材

试管、试管架、移液管、滴管、量筒、玻璃棒、恒温水浴锅。

四、实验步骤

1. 制备肌肉糜

将兔杀死后，放血，立即割取背部和腿部肌肉，在低温条件下用剪刀尽量把肌肉剪碎成肌肉糜。注意，应在临用前制备。

2. 肌肉糜的糖酵解

（1）取4个试管，编号后各加入新鲜肌肉糜0.5g。1、2号管为样品管，3、4号管为空白管。

（2）向3、4号空白管内加入200g/L 三氯乙酸 3mL，用玻璃棒将肌肉糜充分打散，搅匀，以沉淀蛋白质和终止酶的反应。

（3）然后分别向4个试管内各加入3mL 磷酸缓冲液和1mL 5g/L 糖原溶液（或5g/L 淀粉溶液）。

（4）用玻璃棒充分搅匀，加少许液体石蜡隔绝空气，并将4个试管同时放入37℃恒温水浴中保温。

（5）1.5h 后，取出试管，立即向1、2号管内加入200g/L 三氯乙酸 3mL，混匀。

（6）将各试管内容物分别过滤，弃去沉淀。

（7）量取每个样品的滤液5mL，分别加入到已编号的试管中，然后向每管内加入饱和硫酸铜溶液1mL，混匀，再加入0.5g 氢氧化钙粉末，用玻璃棒充分搅匀后，放置30min，并不时搅动内容物，使糖沉淀完全。将每个样品分别过滤，弃去沉淀。

3. 乳酸的测定

（1）取4个洁净、干燥的试管，编号，每个试管加入浓硫酸2mL，将试管置于冷水浴中，分别用小滴管取每个样品的滤液1滴或2滴，逐滴加入到已冷却的上述浓硫酸溶液中（注意滴管大小尽可能一致），随加随摇动试管，避免试管内的溶液局部过热。

（2）将试管混合均匀后，放入沸水浴中煮5min，取出后冷却，再加入对羟基联苯试剂2滴，不要将对羟基联苯试剂滴到试管壁上，混匀试管内容物。

五、实验结果与分析

观察实验结果，分析出现此现象的原因。

思考题

本实验如何检验糖酵解作用？

实验四　可溶性糖分离鉴定（硅胶 G 薄层层析法）

一、实验目的

1. 了解并初步掌握吸附层析的原理；
2. 学习薄层层析的一般操作及定性鉴定的方法。

二、实验原理

薄层层析是一种广泛应用于氨基酸、多肽、核苷酸、脂肪类、糖类、磷脂和生物碱等多种物质的分离和鉴定的层析方法。由于层析是在吸附剂或支持介质均匀涂布的薄层上进行的，所以称为薄层层析。

薄层层析法的主要原理是，根据样品组分的吸附力及其在展层溶剂中的分配系数的不同而使混合物分离。当展层溶剂沿着吸附剂移动时，会带着混合样品的各组分一起移动，并不断发生吸附与解吸附作用以及反复分配作用。根据各组分在溶剂中的溶解度不同和吸附剂对样品各组分的吸附能力存在差异，最终将混合物分离成一系列的斑点。如果把标准样品在同一层析薄板上一起展开，便可通过与同一薄板上的已知标准样品的 R_f 进行对照，初步鉴定未知样品各组分的成分。

薄层层析根据所用支持物的性质和分离机制的不同可分为吸附层析、分配层析、离子交换层析和凝胶过滤等。糖的分离鉴定可用吸附层析或分配层析，吸附层析常用的吸附剂为硅胶，分配层析常用的支持剂是硅藻土。在吸附剂或支持剂中添加适宜的黏合剂后再涂布于支持板上，可使薄层黏在玻璃板（或涤纶片基）基底上。

硅胶 G 是一种已添加了黏合剂——石膏（$CaSO_4$）的硅胶粉，糖在硅胶 G 薄板上的移动速度与糖的相对分子质量、羟基数等有关，经适当的溶剂展开后，各种糖在硅胶 G 薄板上的移动距离为戊糖>己糖>双糖>三糖。采用硼酸溶液代替水调制硅胶 G 制成的薄板可提高糖的分离效果。如对已分开的斑点显色，而将与它位置相当的另一个未显色的斑点从薄层上与硅胶 G 一起刮下，以适当的溶剂将糖从硅胶 G 上洗脱下来，就可以用糖的定量测定方法测出样品中各组分的糖含量。

薄层层析的展层方式有上行法、下行法和近水平法等。一般采用上行法，即在具有密闭盖子的玻璃缸（即层析缸）中进行，将适量的展层溶剂倒于缸底，把点有样品的薄层板放进缸中即可。保证层析缸内被展层溶剂的蒸气饱和是实验成功的关键。

与纸层析、柱层析等方法比较，薄层层析有明显的优点：操作方便，层析时间短，可分离各种化合物，样品用量少（0.1~10μg 的样品均可分离），比纸层析灵敏度高 10~100 倍，显色和观察结果方便，如薄层由无机物制成，可用浓硫酸、浓盐酸等腐蚀性显示剂显色。因此，薄层层析是一项实验常用的分离技术，其应用范围主要在生物化学、医药卫生、化学工业、农业生产、食品和毒理分析等领域，也广泛应用于对天然化合物的分离和鉴定。

三、实验试剂与器材

1. 材料

木糖、葡萄糖、蔗糖、棉籽糖。

2. 试剂

1g/L 糖标准溶剂：取木糖、葡萄糖、蔗糖和棉籽糖各 1g，分别用 75%乙醇溶解并定容至 100mL。

1g/L 糖标准混合溶剂：取上述各种糖各 1g，混合后用 75%乙醇溶解并定容至 100mL。

0. 1mol/L 硼酸（H_3BO_3）溶液、硅胶 G。

展层溶剂：氯仿-甲醇（体积比 60：40）。

苯胺-二苯胺-磷酸显色剂：将 1g 二苯胺溶解于由 1mL 苯胺、5mL 850g/L 磷酸、50mL 丙酮组成的混合溶液。

3. 器材

烧杯、玻璃板（12cm×20cm）、层析缸（直径 15cm×30cm）、毛细管（直径 0. 5cm）、玻璃棒、喷雾器、烘箱、尺子、铅笔、干燥器。

四、实验步骤

1. 硅胶 G 薄层板的制备

将制备薄层用的玻璃板预先用洗液洗干净并烘干，玻璃板要求表面光滑。称取硅胶 G 粉 6g，加入 12mL 0. 1mol/L 硼酸溶液，用玻璃棒在烧杯中慢慢搅拌至硅胶浆液分散均匀、黏稠度适中后，倾倒在干净、干燥的玻璃板上，倾斜玻璃板或用玻璃棒将硅胶 G 由一端向另一端推动，将硅胶 G 铺成厚薄均匀的薄层。待薄板表面水分干燥后，将其置于烘箱内，待温度升至 110℃后活化 30min。冷却至室温后取出，置于干燥器中备用（注意：避免薄板骤热、骤冷使薄层断裂或在展层过程中脱落）。制成的薄层板，要求表面平整，厚薄均匀。

2. 点样

取制备好的薄板一块，在距底边 1. 5cm 处画一条直线，在直线上每隔 1. 5~2cm 作一个记号（用铅笔轻点一下，不可将薄层刺破），共五个点。用 0. 5mm 直径的毛细管吸取糖样品 5~50μg，点样体积为 1~5μL，可分次滴加，控制点样斑点直径不超过 2mm。在点样过程中可用吹风机冷热风交替吹干样品，也可让样品自然干燥。

3. 展层

将已点样薄板的点样一端放入盛有展层溶剂的层析缸中，展层溶剂液面不得超过点样线，将层析缸密闭，自下向上展层，当展层溶剂到达距薄板顶端约 1cm 处时取出薄板，前沿用铅笔或小针标记。在 60℃烘箱内烘干或晾干。

4. 显色

将苯胺-二苯胺-磷酸显色剂均匀喷在薄层上，置于 85℃烘箱内加热至层析斑点显现，此显色剂可使各种糖显现出不同的颜色，如表 7-6 所示。

表7-6　　不同糖的显色

	糖的种类			
	木糖	葡萄糖	蔗糖	棉籽糖
显色	黄绿	灰蓝绿	蓝褐	蓝灰

注意事项：

（1）因糖是多羟基化合物，极性强容易吸附，故多采用含无机盐水溶液制备硅胶薄板，使硅胶薄层吸附能力降低，斑点集中，对分离效果有所改善，样品承载量也可显著提高。

（2）硅胶略带酸性，适用于酸性和中性物质的分离；碱性物质能与硅胶作用，用中性溶剂展层时，碱性物质易被吸附于原点不动或者使斑点出现拖尾现象，而不能很好地分离；在硅胶中加入氧化铝（碱性）制成薄层，可适用于碱性和中性物质分离，但对酸性物质分离效果差。因此，可通过改变硅胶酸碱性，来得到对不同酸碱化合物的满意分离效果。例如，用稀酸或稀碱（0.1~0.5mol/L），或用一定 pH 的缓冲剂溶液代替水制备酸性、碱性或某一 pH 的薄层；或在展层溶剂中加入少量酸或碱进行展层。

若样品组分为碱性，则调节展层溶剂 pH 为碱性，以增加展层溶剂的分辨率，使样品在薄板上展层后，斑点圆而集中，避免出现拖尾现象。当样品组分具有酸性时，调节展层剂 pH 为酸性，可得到圆而集中的斑点。

（3）制备薄板时，薄板的厚度及均一性对样品的分离效果和 R_f 的重复性影响很大，普通薄层厚度以 250μm 为宜。若用薄层层析法制备少量的纯物质，薄层厚度可稍大些，常见厚度为 500~750μm，甚至 1~2mm。

（4）手工涂布薄板的方法

①玻璃涂布：选用一根直径为 1~1.2cm 的玻璃棒或玻璃管在两端绕几圈胶布，胶布的圈数视薄层的厚度而定，常用厚度为 0.56~1.0mm，把吸附剂倒在玻璃板上，用这根玻璃棒在玻璃上将吸附剂从一端向一个方向推动，即成薄板。

②倾斜涂布：将吸附剂浆液倒在玻璃上，然后倾斜使吸附剂漫布于玻璃板上而制成薄层。

（5）活化后的薄层板在空气中不能放置太久，否则会因吸潮降低活性。用于薄层层析的样品溶液的质量要求非常高，样品中必须不含盐，若含有盐分则会引起严重的拖尾现象，有时甚至得不到正确的分离效果。

（6）样品溶液应具有一定的浓度，一般为 1~5g/L，若样品太稀，点样次数太多就会影响分离效果，所以必须进行浓缩处理。

（7）样品的溶剂最好使用挥发性的有机溶液（如乙醇、氯仿等），不宜用水溶液，因为水分子与吸附剂的相互作用力较弱，当它占据了吸附剂表面上的活性位置时，就使吸附剂的活性降低，从而使斑点扩散。

（8）样品点样量不宜太多，若点样量超载（即超过该吸附剂的负载能力），则会降低 R_f，使层析斑点的形状被破坏。点样量一般为几到几十微克，体积为 1~20μL。

（9）展层必须在密闭的器皿中进行，器皿事先应用展层溶剂饱和，把薄板的点样端浸入展层剂中，深度为 0.5~1.0cm。千万勿使点样浸入展层溶剂中。

（10）展层溶剂的选择　根据溶剂结构、性质的不同而定，主要以溶剂的极性大小为依据。在同一吸附剂上，溶剂极性越大，对同一性质的化合物的洗脱能力也越大，即在薄层板上把这一化合物推进得越远，R_f 也越大。如果发现用一种溶剂去展开某一化合物，其 R_f 太小，则可考虑换用另一种极性较大的溶剂，或在原来的溶剂中加入一定量的极性较大的溶剂进行展层。溶剂极性大小次序为水>甲醇>正丙醇>丙酮>乙酸甲酯>乙酸己酯>乙醚>氯仿>三氯甲烷>苯>三氯乙烷>四氯化碳>二硫化碳>石油醚。

根据被分离物质的极性和吸附剂的性质而定。在同一吸附剂上，不同化合物的吸附规律是：①饱和碳氢化合物不易吸附或吸附不牢；②不饱和碳氢化合物易被吸附，含双键越多，吸附得越牢；③碳氢化合物被一个功能基取代后，其吸附性增大。各功能基使其吸附性增大的递增顺序是$—CH_3<—O—<C=O<—NH_2<—OH<—COOH$。在薄层上，对于吸附性较大的化合物，一般需要用极性较大的溶剂（展层剂）才能推动它。

（11）在薄层层析时，层析缸溶剂饱和度对分离效果影响较大，在不饱和层析缸中，展层易引起边缘效应，因为极性较弱的溶剂和沸点较低的溶剂在边缘挥发得快，从而使样品组分在边缘的 R_f 高于中部的 R_f，用饱和的层析缸可以消除边缘效应。

（12）为了获得更好的薄层层析效果，也可以用双向展层、多次展层和连续展层。多次展层是指选用一种溶剂展开一定距离后，将薄层板取出，待溶剂挥发后再按同一方向用第二种溶剂展开。

（13）薄层层析展开后，对被分离的样品组分进行定性或定量分析，都要用不同的显色方法先确定它们的位置。有的物质在紫外线灯下可显示荧光斑点，如核苷酸等；对于在紫外光下不显荧光的样品，可用荧光薄层检出，该薄层的制法是将荧光物质（15g/L 硅酸锌镉粉）加入吸附剂中，或在薄板上喷 0.4g/L 荧光钠水溶液、5g/L 硫酸奎宁醇溶液及 10g/L 磺基水杨酸的丙酮溶液。有的有色物质在展层后可显示有颜色的斑点；对无色化合物的显色，主要采用两种方法，即物理方法和化学方法。物理方法如用紫外灯照射，属非破坏性显色方法。化学方法如用茚三酮显色剂喷雾可使氨基酸类化合物显色；对于无机吸附剂制成的薄层，可用强腐蚀性显色剂如硫酸、硝酸或其他混合溶液，因为这些显色剂几乎可使所有的有机化合物转变成碳，为破坏性显色方法，此类显色剂称为万能显色剂，但它们不适用于定量测定或组分制备的薄层上。

（14）影响 R_f 的因素

①样品组分的性质：样品组分若在固定相中溶解度较大，在流动相中溶解度小，则 R_f 小；反之，R_f 大。

②吸附剂的性质和质量：不同批号和厂家的产品，其性质和质量不尽相同。

③吸附剂的活度。

④薄层的厚度。

⑤层析槽的形状、大小和饱和度。

⑥展层方式。

⑦杂质的存在和量的多少。

⑧展层的距离。

⑨样品量。

⑩温度。

因为影响 R_f 的因素很多，故不能仅根据 R_f 来鉴定未知样品组分。一般采用几种薄层层析法来确证样品的未知组分，如一种用吸附薄层层析，另一种用聚酰胺薄层层析等。实践中，也可把未知样品与标准样品混合点样，然后进行薄层层析。如果在几个不同类型的薄层层析中，两者都不发生分离，则可证明这两个化合物是相同的。

五、实验结果与分析

对样品中的糖进行定性分析。薄层显色后，根据各显色斑点的相对位置，测算 R_f。如式（7-2）所示。

$$R_f=\frac{\text{原点到层析斑点中心的距离（cm）}}{\text{原点到展层溶剂前沿的距离（cm）}} \tag{7-2}$$

将混合样品图谱与标准样品图谱相比较或通过混合样品与标准样品 R_f 的比较，确定混合样品中所分离的各个斑点分别为何种糖。

思考题

1. 本实验在操作过程中有哪些关键点？
2. 分析本实验的层析图谱。

第八章 综合性实验

CHAPTER 8

实验一　粉丝制备与感官质量评价

一、实验目的

1. 掌握淀粉糊化和老化的目的、意义；

2. 了解淀粉糊化和老化的应用价值。

二、实验原理

淀粉加入适量水，加热搅拌糊化成淀粉糊（α-淀粉），冷却或冷冻后，会变得不透明甚至凝结而沉淀，这种现象称为淀粉的老化。

将淀粉拌水制成糊状物，用悬垂法或挤出法成形，后在沸水中煮沸片刻，令其糊化，捞出水冷（老化），干燥即得粉丝。粉丝的生产就是利用淀粉老化这一特性。

至今，对粉丝的物性测定尚无标准方法，也尚无统一的质量标准。一般是采用感官的方法评价粉丝，诸如颜色、气味、光泽、透明度、韧性及耐煮性等。消费者要求粉丝晶莹洁白、透明光亮、耐煮又筋道、价格低廉。

三、实验试剂与器材

1. 材料

绿豆淀粉或马铃薯和甘薯淀粉（质量比 1∶1）或玉米和绿豆淀粉（质量比 7∶3）。

2. 器材

7~9mm 孔径的多孔容器或分析筛。

四、实验步骤

将 30g 绿豆淀粉加入适量开水使其糊化，然后再加 70g 生玉米淀粉，搅拌均匀至无块，不粘手，再用底部有 7~9mm 孔径的多孔容器（或分析筛）将淀粉糊化物漏入沸水锅中，煮沸 3min，令其糊化，捞出水冷 10min（或捞出置于-20℃冰箱中冷冻处理）。再将其捞出置于搪瓷盘中，于烘箱中干燥，即得粉丝。

将实验制得的粉丝，任意选出 5 个产品，编号为 1、2、3、4、5，用加权平均法，对 5 个产品进行感官质量评价。

五、实验结果与分析

感官评价结果列于表 8-1 中，计算排列名次。

表 8-1 粉丝感官质量评价（加权平均法）

产品编号	颜色（10 分）	气味（10 分）	光泽（10 分）	透明度（20 分）	粗细度（10 分）	韧性（20 分）	耐煮性（20 分）	总分（100 分）
1								
2								
3								
4								
5								

思考题

1. 通过本实验，你认为可以采取哪些措施提高粉丝的质量（从韧性、耐煮性、透明三个方面加以分析）？
2. 通过本实验，再结合食品化学的知识，谈谈木薯淀粉的老化机理，以及在制备粉丝的过程中该如何充分利用其老化的特性？

实验二　牛乳中乳脂和乳糖的分离

一、实验目的

掌握从牛乳中分离乳脂和乳糖的原理和方法。

二、实验原理

牛乳约含有3%乳脂，乳脂可用于加工奶油，牛乳经离心后乳脂上浮，分离乳脂层后，剩余的即为脱脂乳，可用于分离酪蛋白和乳糖。牛乳中主要的蛋白质是酪蛋白，含量约为35g/L。酪蛋白在乳中是以酪蛋白酸钙-磷酸钙复合体胶粒的形式存在的，胶粒直径为20~800nm。在酸或凝乳酶的作用下酪蛋白会沉淀，加工后可制得干酪或干酪素。

实验过程中，通过加酸调节pH，当达到酪蛋白等电点pH 4.6时，酪蛋白沉淀。脱脂乳除去酪蛋白后剩下的液体为乳清，乳清中含有乳白蛋白和乳球蛋白，还有溶解状态的乳糖。乳中糖类99.8%以上是乳糖，可通过浓缩、结晶制取乳糖。

三、实验试剂与器材

1. 材料

鲜牛乳。

2. 试剂

100g/L乙酸、95%乙醇、乙醚、碳酸钙、50g/L乙酸铅溶液、100g/L氯化钠溶液、5g/L碳酸钠溶液、0.1mol/L氢氧化钠溶液、0.2%盐酸、饱和氢氧化钙溶液。

3. 器材

离心机、冰箱、电炉、水浴锅、离心管、沸石、活性炭。

四、实验步骤

1. 从牛乳中分离乳脂

取50mL新鲜牛乳，放于离心机上以3500r/min离心5min，取出离心管后，小心将乳脂层与脱脂乳分离，将乳脂层冻结，然后放回到室温下，在重新融化前快速搅动使脂肪球膜破裂，待脂肪球膜蛋白变性，倾出释放出的少量水后，继续搅动形成油包水型的奶油。称量后计算得率。

2. 从牛乳中分离乳糖

在除去酪蛋白的乳清中，加入5g碳酸钙粉末，搅拌均匀后加热至沸。加碳酸钙的目的一方面是中和溶液的酸性，防止加热时乳糖水解；另一方面是使乳白蛋白沉淀。过滤除去沉淀，在滤液中加入1~2粒沸石，加热浓缩至10mL，加入20mL 95%乙醇（注意离开火焰）和少量活性炭，搅拌均匀后在水浴上加热至沸腾，趁热过滤，滤液必须澄清。加塞放置过夜，待乳糖结晶析出，抽滤，用95%乙醇洗涤产品。干燥后称其重量，并计算乳糖的得率。

注意事项：

生奶油中脂肪球膜包裹着乳脂，脂肪球膜蛋白还结合着一定水分，所以生奶油总体可看作是水包油的分散体系。只有将脂肪球膜破坏，才能使乳脂释放出来；只有使脂肪球膜蛋白质发生变性，才能将其持有和结合的水分释放出来。乳脂和水都游离出来后，二者才好分离。倾倒出大部分水后，继续搅拌，残余的水和大量的乳脂就会形成均匀的油包水分散体系，这就是奶油。当奶油中的类胡萝卜素较多时，奶油呈黄色，称为黄油。

实验中，脂肪球膜破坏和蛋白质变性都主要依靠搅拌产生的剪切力及与器壁的摩擦作用完成。将生奶油先冷冻，主要目的是使脂肪处于结晶态，然后，再在融化前进行搅拌，因此搅拌时固体的脂肪与脂肪球膜共存体系会产生最大的剪切力和摩擦力，这样就会较快地完成从生奶油向奶油的转化。所以，实验中的冷冻步骤必须将生奶油在冰箱中冻实，拿出后，不能等到融化时再搅拌，必须在表面稍有融化时就立即搅拌。

五、实验结果与分析

得率如式（8-1）、式（8-2）所示。

$$\text{奶油得率（\%）}=\frac{\text{奶油体积（mL）}}{\text{鲜乳体积（mL）}}\times 100 \tag{8-1}$$

$$\text{乳糖得率（g/100mL）}=\frac{\text{乳糖质量（g）}}{\text{鲜乳体积（mL）}}\times 100 \tag{8-2}$$

思考题

1. 牛乳能够为人体提供能量的营养物质有哪些？
2. 实验中乳糖结晶的原理是什么？

实验三　变性酵母蛋白的提取与相对分子质量测定

Ⅰ　NaOH 裂解/三氯乙酸沉淀法提取变性酵母蛋白

NaOH-TCA 法提取变性酵母蛋白

一、实验目的

熟悉变性酵母蛋白的提取原理和方法，了解其意义及其应用价值。

二、实验原理

NaOH 提供碱性环境，裂解酵母细胞；三氯乙酸（TCA）为蛋白质变性剂，使蛋白质构象发生改变，可暴露出较多的疏水性基团，使之聚集沉淀，离心收集沉淀后，采用磷酸缓冲液重新将其溶解，得到变性的酵母蛋白。

三、实验试剂与器材

1. 材料

新鲜酵母培养液（$A_{600}=1\sim2$），每个样品取 1.5mL 的菌液。

2. 试剂

碱裂解液（每个样品的量）：2mol/L NaOH 138.75μL，使用时加入 11.25μL β-巯基乙醇（BME），现配现用。

550g/L TCA 溶液：用蒸馏水配制（4℃保存）。

高尿素（HU）缓冲液：用 0.2mol/L 磷酸缓冲液（pH 6.8）配制，所含成分及其终浓度分别为 8mol/L 尿素，50g/L SDS，1mmol/L EDTA，100mmol/L 二硫苏糖醇（DTT）和 2g/L 溴酚蓝。配制后于-20℃保存。其中，DTT 先配制成 1mol/L 母液，使用时按量添加。1mol/L DTT 母液配制方法为：称取 100mg 二硫苏糖醇至微量离心管，加 0.65mL 蒸馏水，配制成 1mol/L DTT 溶液，于 4℃保存。

-20℃预冷的丙酮、-4℃预冷的双蒸水。

3. 器材

制冰机，1.5mL 和 2mL 离心管，离心管架，台式离心机（2mL 转子），量程为 20μL、200μL 和 1mL 的移液器。

四、实验步骤

1. 取 $A_{600}=1\sim2$ 的新鲜酵母培养液 1.5mL，以 12000r/min 离心 2min，尽弃上清液，收集菌体。
2. 加入 1mL 预冷的双蒸水，用微量移液器吸打重新悬浮细胞。
3. 加 150μL 碱裂解液。
4. 冰浴 15min，期间摇匀。

5. 加 150μL 550g/L TCA。

6. 冰浴 15min，期间摇匀。

7. 用台式离心机，在 4℃ 条件下以 12000r/min 离心 5min，弃去上清液。

8. 以最大速度离心 1min，用微量移液器小心吸去残留上清液，谨防打散沉淀。

9. 用 50μL HU 缓冲液重新悬浮沉淀（在通风橱操作），即得变性的酵母蛋白溶液，存于 -20℃ 条件下，备用于 SDS-PAGE 分析。

10. 选做步骤：当缓冲液由于溶解蛋白沉淀中残留的 TCA 而变黄时，可选择加 1mol/L Tris 缓冲液（pH 6.8）10~20μL，重复步骤 4，弃去上清液，加入 -20℃ 预冷的丙酮 100μL，去除残留的 TCA；若菌体量较大，可重复步骤 5。

五、实验结果与分析

实验步骤 8 和实验步骤 9，可观察到离心管底有微量白色沉淀。

思考题

1. 查资料，分析实验中所用试剂，诸如 NaOH、TCA、β-巯基乙醇等在实验中的作用。
2. 若将所提蛋白用于 SDS-PAGE 分析，电泳之前，蛋白样品还需要做怎样的处理，为什么？

Ⅱ　十二烷基硫酸钠-聚丙烯酰胺凝胶电泳测定蛋白质的相对分子质量

SDS-PAGE 分离蛋白质

一、实验目的

学习十二烷基硫酸钠-聚丙烯酰胺凝胶电泳（SDS-PAGE）测定蛋白质相对分子质量的实验原理，掌握相应的实验技术。

二、实验原理

SDS-PAGE 是聚丙烯酰胺凝胶电泳的一种特殊形式。实验证明，在蛋白质溶液中加入十二烷基硫酸钠（SDS）这种阴离子表面活性剂和巯基乙醇后，巯基乙醇能使蛋白质分子中的二硫键还原；SDS 能使蛋白质的氢键、疏水键打开，并结合到蛋白质分子上，形成蛋白质-SDS 复合物。大约每克蛋白质可结合 1.4g SDS，蛋白质分子一经结合一定量的 SDS 阴离子，所带负电荷量远远超过它原有的电荷量，从而消除了不同种类蛋白质间原有电荷的差异。同时，SDS 与蛋白质结合后，还引起了蛋白质构象的变化，使它们在水溶液中的形状近似于长椭圆棒，不同蛋白质的 SDS 复合物的短轴长度均为 1.8mm，而长轴长度则随蛋白质的相对分子质量成正比地变化。

这样的蛋白质-SDS 复合物，在凝胶电泳中的迁移率不再受蛋白质原有电荷和形状的影响，仅取决于蛋白质相对分子质量的大小。故可根据标准蛋白质相对分子质量的对数和迁移率所作的标准曲线，求出未知物的相对分子质量。

三、实验试剂与器材

1. 试剂（所用水为双蒸水）

（1）30%单体胶储备液　丙烯酰胺（Acr）29.0g，*N*，*N'*-亚甲叉双丙烯酰胺（Bis）1.0g，混匀后加双蒸水（37℃左右）溶解，定容至 100mL。用 0.45μm 微孔滤膜过滤后储于棕色瓶，于 4℃避光保存。

（2）pH 8.8，1.5mol/L Tris-HCl 分离胶缓冲液　Tris 18.17g 加双蒸水溶解，浓盐酸调 pH 至 8.8，定容至 100mL。

（3）pH 6.8，1mol/L Tris-HCl 浓缩胶缓冲液　Tris 12.11g 加双蒸水溶解，浓盐酸调 pH 至 6.8，定容至 100mL。

（4）100g/L SDS　称取 10g SDS，在 65℃下用水溶解并定容至 100mL。

（5）100g/L 过硫酸铵（AP）　称取 1.0 过硫酸铵用水溶解并定容至 10mL，临用时配置。

（6）*N*，*N*，*N'*，*N'*-四甲基乙胺（TEMED）。

（7）Tris-Gly 电极缓冲溶液　称取 7.5g Tris 和 36g 甘氨酸用水溶解，再加入 100g/L SDS 25mL，用水定容至 500mL 备用，临用前稀释 5 倍。

（8）加样缓冲溶液　吸取 50mmol/L Tris-HCl（pH6.8）缓冲溶液 3.2mL，100g/L SDS 溶液 1.5mL，*β*-巯基乙醇 2.5mL，溴酚蓝 2g 以及甘油 5mL，用水溶解并定容至 50mL。

（9）考马斯亮蓝染色液　考马斯亮蓝 R-250 1.25g，甲醇 225mL，冰乙酸 50mL，双蒸水 225mL。

(10) 脱色液　甲醇、冰乙酸和双蒸水以体积比 2∶1∶7 配制。

(11) 标准相对分子质量蛋白（电泳专用试剂）。

2. 器材

(1) 直流稳压稳流电泳仪（电流 100mA，电压 400~500V）。

(2) 夹芯式垂直电泳槽，DYY Ⅲ 2A 型，1.0mm 梳槽。

四、实验步骤

1. 安装制胶装置

首先将电泳仪主体安装在制胶器上，置于台面，然后取平玻璃板和凹玻璃板（根据所需胶的厚度选择不同厚度边条）各一块，底部对齐，凹板向内，安装于制胶底座，最后固定制胶板，检查底座胶条是否压实，以防漏液。

2. 制胶

根据待分离蛋白质的相对分子质量大小选择合适浓度的凝胶配比，通常蛋白质分子质量为 4×10^4~1×10^5u 时采用 10%~15%浓度的胶进行分离。不同浓度凝胶配制如表 8-2 所示。

表 8-2　不连续缓冲系统电泳时不同网孔凝胶溶液配方参考表　单位：mL

试剂	分离胶凝胶浓度			浓缩胶浓度
	(10%)	(12%)	(15%)	(5%)
双蒸水	4.0	3.3	2.3	3.41
30%单体胶贮备液	3.3	4.0	5.0	0.85
分离胶缓冲液	2.5	2.5	2.5	
浓缩胶缓冲液	—	—	—	0.63
100g/L SDS	0.1	0.1	0.1	0.05
100g/L 过硫酸铵	0.1	0.1	0.1	0.05
TEMED*	0.004	0.004	0.004	0.005
总体积	10	10	10	5

注：*此溶液在灌胶前最后加入，以避免胶体凝固无法灌胶。

(1) 下层分离胶制备

取大小合适的烧杯，用微量移液器按表 8-2 加入相应成分，最后加入 TEMED，迅速充分混匀后（尽量减少气泡产生），灌胶至玻璃板间隙，距凹玻璃板上沿 2.0~2.5cm 左右时停止（留出灌制浓缩胶的空间，梳齿长度+1cm 左右）。用双蒸水沿玻璃板间隙灌满，室温放置约 30min，待胶完全聚合（分离胶与水层之间形成明显的分界），倒去双蒸水，用滤纸条吸去多余水分，待灌制上层浓缩胶。

（2）上层浓缩胶制备

上层浓缩胶通常采用5%的浓度，配制方法同分离胶。按表 8-2 加入相应组分后，充分混匀，灌满玻板间隙。立即插入梳子，室温放置约 30min，待浓缩胶完全聚合后，拔出梳子，用双蒸水冲洗点样孔。

3. 电泳样品处理与上样

本实验所用样品为 HU 缓冲液溶解的变性酵母蛋白溶液（存于-20℃）。

（1）电泳样品前处理　将样品于 65℃水浴进行热变性 10~15min（不可煮沸，温度高于 70℃尿素会发生变性或聚合），然后以 12000r/min 离心 1min，取上清液上样。

（2）上样　将电泳仪主体从制胶器取下，置于电泳槽中。向电泳槽加入 1×Tris-Gly 电泳缓冲液至没过凹玻璃板（没过点样孔）为宜。用微量移液器将待测样品依次上样（注意：通常样品上样体积不超过样品槽总体积的 2/3），并取 5μL 标准蛋白上样，作为参照。

4. 电泳

上样结束后，盖上电泳槽盖，按照“红正黑负”连接电源。调节电压 80V，进行电泳，待溴酚蓝染料进入分离胶并形成狭窄条带，调高电压至 120V，继续电泳 1.5~3h，待溴酚蓝指示剂迁移到接近凝胶底部时，停止电泳。

5. 剥离凝胶

电泳结束后，将电泳仪主体取出，卸出玻璃板，用斜插板小心剥离凝胶，置于培养皿（或其他合适容器中），用双蒸水冲洗 2~3 次，进行染色。

6. 染色

向培养皿中加入适量考马斯亮蓝染色液，以没过凝胶为宜，置于摇床缓慢摇动进行染色，约 40min。

7. 脱色

染色结束后，去掉染色液（统一回收，不可随意倾倒至下水道），加入脱色液，置于摇床脱色，脱色期间按需更换脱色液 3~5 次，约 12h 可脱净背景色，样品条带清晰可见。

五、实验结果与分析

1. 待测蛋白分离

经电泳后，蛋白质样品根据相对分子质量大小形成区带，达到分离蛋白质的目的。根据待测蛋白质相对分子质量，参照标准蛋白质，可判断其大致位置。

2. 蛋白质相对分子质量测定

由电泳实验结果，测量与记录标准蛋白质分子以及样品蛋白分子相对加样端的迁移距离（cm）、溴酚蓝染料相对加样端的迁移距离（cm）。根据式（8-3）计算各标准蛋白质分子的相对迁移率。

$$\text{相对迁移率}=\frac{\text{标准蛋白质分子迁移距离（cm）}}{\text{染料迁移距离（cm）}} \tag{8-3}$$

以标准蛋白质相对分子质量的对数（$\lg M_w$）为纵坐标，标准蛋白质分子的相对迁移率为横坐标作标准曲线，根据样品蛋白的相对迁移率从标准曲线中求出其相对分子质量。

注意：测量与记录溴酚蓝染料相对加样端的迁移距离（cm）应在凝胶脱色前完成。

思考题

1. 比较聚丙烯酰胺凝胶电泳与SDS-PAGE的异同点及适用范围。
2. 小结本实验关键操作步骤和注意事项。

实验四　植物多酚氧化酶（PPO）提取与性质研究

一、实验目的

1. 掌握植物中提取多酚氧化酶（PPO）的方法，了解多酚氧化酶在植物中的分布；
2. 研究酶抑制剂对多酚氧化酶的抑制效果。

二、实验原理

多酚氧化酶是植物组织内广泛存在的一种含铜氧化酶，植物受到机械损伤和病菌侵染后，PPO 催化酚与 O_2 氧化形成醌，使组织褐变，以便损伤恢复，防止或减少感染，提高抗病能力。醌类物质对微生物有毒害作用，所以伤口出现醌类物质是植物防止伤口感染而作出的愈伤反应，因而受伤组织中这种酶的活性就会提高。多酚氧化酶也可与细胞内其他底物氧化相偶联，起到末端氧化酶的作用。

PPO 的存在是水果、蔬菜褐变及营养丧失的主要原因之一。PPO 氧化内源的酚类物质生成邻醌，邻醌再相互聚合成醌或与蛋白质、氨基酸等作用生成高分子配合物而导致褐色素的生成，色素相对分子质量越高，颜色越暗。多酚氧化酶活性高低也是马铃薯解除休眠的指标之一。

多酚氧化酶是一种含铜的酶，其最适 pH 为 6~7。由多酚氧化酶催化的反应，如以邻苯二酚为底物，可以被氧化形成邻苯二醌。由多酚氧化酶催化的氧化还原反应可通过溶液的颜色的变化鉴定，这个反应在自然界中是常见的，如去皮的马铃薯和水果变成褐色就是该酶作用的结果。

多酚氧化酶的最适底物是邻苯二酚（儿茶酚）。间苯二酚和对苯二酚与邻苯二酚的结构相似，它们也可以被氧化为各种有色物质。酶是生物催化剂，其催化活性易受各种因素的影响，如温度、pH、底物种类、底物浓度、酶浓度以及抑制剂和蛋白质变性剂等都会改变其生物催化活性。

本实验将采用马铃薯为主要材料，通过组织细胞破碎匀浆、过滤、离心、硫酸铵沉淀、透析等步骤获得 PPO 的粗酶液。

三、实验试剂与器材

1. 材料

马铃薯。

2. 试剂

粗酶提取、酶活力测定相关试剂，及酶抑制剂，参见第六章实验六。

50g/L 三氯乙酸溶液、硫脲、0.2% 和 0.3%（体积分数）的乳酸溶液、5g/L 碳酸钠溶液、0.1g/L 碳酸钠溶液。

0.01mol/L 邻苯二酚溶液：将 1.1g 邻苯二酚溶解于 1000mL 水中，用稀氢氧化钠调节溶液的 pH 至 6.0，防止其自身出现氧化作用。当溶液变成褐色时，应重新配制。新配制的溶液应贮存于棕色瓶中。

0.01mol/L 间苯二酚溶液：将 0.11g 间苯二酚溶解于 100mL 水中。

0.01mol/L 对苯二酚溶液：将 0.11g 对苯二酚溶解于 100mL 水中。

0.8%盐酸：19.2mL 浓盐酸加水稀释到 1000mL。

3. 器材

冷冻离心机、电热恒温水浴锅、涡旋混合器、pH 计等。

四、实验步骤

1. 多酚酶活力的测定

粗酶提取及多酚酶活性测定，参见第六章实验六的方法。

2. 酶抑制剂对多酚氧化酶活性的抑制作用

测定酶抑制剂对多酚氧化酶活性的抑制作用，参见第六章实验六的方法。

3. 多酚氧化酶的催化作用

按表 8-3 加入各试剂，观察反应现象并记录和分析原因。

表 8-3 多酚氧化酶的催化作用

试管号	酶液	邻苯二酚	水	混匀后 37℃保温 5 ~10min，观察颜色变化
1	15 滴	15 滴	—	
2	15 滴	—	15 滴	
3	—	15 滴	15 滴	

4. 多酚氧化酶的化学性质

按表 8-4 加入各试剂，观察反应现象并记录和分析原因。

表 8-4 多酚氧化酶的化学性质

试管号	酶液	50g/L 三氯乙酸	硫脲	振荡混匀后分别加入邻苯二酚 15 滴，于 37℃保温 10min，观察颜色变化
1	15 滴	—	—	
2	15 滴	15 滴	—	
3	15 滴	—	少许	

5. 底物专一性

按表 8-5 加入各试剂，观察反应现象并记录和分析原因。

表 8-5 多酚氧化酶的底物专一性

试管号	酶液	邻苯二酚	间苯二酚	对苯二酚	混匀后 37℃保温 5 ~10min，观察颜色变化
1	15 滴	15 滴	—	—	
2	15 滴	—	15 滴	—	
3	15 滴	—	—	15 滴	

6. 底物浓度的影响

按表 8-6 加入各试剂，观察反应现象并记录和分析原因。

表 8-6　底物浓度的影响

试管号	酶液	邻苯二酚	水	混匀后 37℃保温 1min，观察颜色变化
1	5 滴	1 滴	39 滴	
2	5 滴	10 滴	30 滴	
3	5 滴	40 滴	—	

7. 酶浓度的影响

按表 8-7 加入各试剂，观察反应现象并记录和分析原因。

表 8-7　酶浓度的影响

试管号	酶液	邻苯二酚	水	混匀后 37℃保温 2min，观察颜色变化
1	15 滴	15 滴	—	
2	1 滴	15 滴	14 滴	

8. 氢离子浓度的影响

按表 8-8 加入各试剂，观察反应现象并记录和分析原因。

表 8-8　氢离子浓度的影响

	试管号				
	1	2	3	4	5
0.8%盐酸	40 滴	—	—	—	—
0.3%乳酸	—	40 滴	—	—	—
0.2%乳酸	—	—	40 滴	—	—
0.1g/L 碳酸钠	—	—	—	40 滴	—
5g/L 碳酸钠	—	—	—	—	40 滴
邻苯二酚	7 滴	7 滴	7 滴	7 滴	7 滴
酶液	7 滴	7 滴	7 滴	7 滴	7 滴
混合后 pH	1	3	5	7	9
37℃保温 5min，观察颜色变化，确定最适 pH					

五、实验结果与分析

多酚酶活力的计算，参见第六章实验六的方法。

记录并分析各因素对酶活力的影响。

思考题

1. 在实际生活中，如何避免食物中的多酚氧化酶发生氧化反应？
2. 简述酶活力测定时须注意的问题，研究酶抑制剂对多酚酶活性的抑制作用有何意义？

实验五　辣椒红色素提取与层析

一、实验目的

1. 了解辣椒红色素的性质与用途；
2. 掌握辣椒红色素的提取方法；
3. 掌握薄层层析分析混合物的原理与操作；
4. 掌握柱层析分离混合物的原理与操作。

二、实验原理

红辣椒含有几种食用天然色素，主要有辣椒红素、辣椒玉红素和β-胡萝卜素。由于它们在硅胶 G 和二氯甲烷做成的层析板中的吸附能力不同，因此可以将它们吸附分离出来。同样在柱层析中分离出不同的色素，这样色素的纯度较高。

三、实验试剂与器材

1. 材料

红辣椒。

2. 试剂

二氯甲烷、薄层层析硅胶、柱层析硅胶。

3. 器材

回流装置、薄层层析缸、玻璃片、层析玻璃柱、长滴管、点样毛细管、小烧杯。

四、实验步骤

1. 制备色素粗提物

取 4g 辣椒粉末于烧瓶中，再加上 40mL 二氯甲烷和数粒沸石，套上冷凝管，在回流装置上回流 20min，然后冷却。把收集到的粗提物在重力下过滤，滤液装于小烧杯中，蒸去溶剂，得到粗物（编号）。

2. 薄层层析

（1）制备层析板　取 2g 硅胶，加 6mL 10g/L 羧甲基纤维素钠（CMC-Na），搅匀，将硅胶糊均匀涂布于洗干净的玻片上，晾干（110℃下干燥 2h）。

（2）点样　距边缘 1.50cm 处画一基线，中点为原点，用毛细管吸取样液（粗提物加 1mL 二氯甲烷溶解）少许，轻触原点，使板上点直径少于 3mm。

（3）展层　将薄层板点样端朝下斜靠于层析缸内的支架，垫高层析缸一端注入 10mL 二氯甲烷于层析缸低处，加盖饱和 1min，然后放平层析缸，展层，当溶剂前沿移至距上边缘 0.5cm 处，取出薄层板，挥干溶剂。

（4）结果处理　记录每一板上点的颜色并计算其 R_f，并推测各板上点为何种化合物。

3. 柱层析

（1）装柱　固定好层析柱，加入 10mL 二氯甲烷。称取 15g 硅胶加上 30mL 二氯甲烷一起搅拌均匀，排净气泡，均匀连续注入层析柱中，将二氯甲烷液面恰好保持在至硅胶柱柱面，要求硅胶柱面平整。

（2）加样　用长滴管吸取约 0.5mL 样液于均匀柱面，将液面降至柱面，再用干净的长滴管吸取约 0.5mL 二氯甲烷均匀加于柱面，将液面降至柱面，重复数次至二氯甲烷层不显红色。

（3）洗脱　注入 20mL 二氯甲烷，控制流速 3~4 滴/s，分段收集流出液。

（4）观察处理　观察并记录各色带位置、颜色、大小，推测各色带为何种物质。

五、实验结果与分析

从分离流出液的颜色种类和数量来比较薄层层析和柱层析分离效果的差别。

思考题

1. 影响辣椒色素混合物分离效果的因素有哪些？
2. 柱层析的装柱方法有哪几种？各有什么利弊？

实验六　黄酮类化合物提取与测定

黄酮类化合物的
提取与测定

一、实验目的

1. 掌握乙醇浸提法提取黄酮的方法；
2. 掌握分光光度法测定柚皮中黄酮总含量的方法；
3. 探究黄酮提取的最佳液料比。

二、实验原理

黄酮类化合物是一类存在于自然界的，具有2-苯基色原酮（Flavone）结构的化合物，黄酮类化合物多为结晶性固体，少数为无定形粉末。它们分子中有一个酮式羰基，第一位上的氧原子具碱性，能与强酸成盐，其羟基衍生物多具黄色，故又称黄碱素或黄酮。黄酮类化合物在植物体中通常与糖结合成苷类，小部分以游离态（苷元）的形式存在。绝大多数植物体内都含有黄酮类化合物，它在植物的生长、发育、开花、结果以及抗菌防病等方面起着重要的作用。在食品工业中，黄酮类化合物也可作为食品添加剂应用在食品加工中。

我国是柚子的生产大国，然而柚果深加工技术有待发展，柚果多以鲜食为主。因此，占柚果总重量40%～50%的果皮，除极少部分直接作为中药材或作为提取果胶和香精油的原料外，90%以上以废弃物的形式被直接排入环境。既污染了环境，又不利于资源的有效利用。而柚子皮中含有丰富的黄酮类物质，通常在植物中与糖结合成苷，主要由柚皮苷、橙子苷、柚皮素芸香苷等二氢黄酮类化合物构成，其中柚皮苷含量占80%以上。从柚子皮中提取黄酮类物质可以有效开发利用柚子资源，对提高柚子产业的附加值具有重要意义。

黄酮存在于植物体细胞质内，故采用合适的方法将植物细胞有效破坏，使有效成分从生物组织中溶出是实验的目的所在。对于天然有机化合物的提取方法有破碎、加热煮提、加压煮提、溶剂渗透回流法、酶法、超声波及微波提取等。本实验采用水和乙醇作为首选的提取溶剂。

水提取法，热水仅限于提取苷类。由于热水浸提时易溶于水的杂质（如蛋白质、鞣质、淀粉、多糖类化合物等）较多，后处理较复杂，提取效率不高，故不常使用。

有机溶剂提取法，主要是根据被提取物的性质及伴随的杂质来选择合适的提取溶剂，苷类和极性较大的苷元，一般可用乙酸乙酯、丙酮、乙醇或某些极性较大的混合溶剂来提取。乙醇和甲醇是最常用的黄酮类化合物提取溶剂，高浓度的醇（90%～95%）适宜提取苷元，60%左右的乙醇或甲醇水溶液适宜提取苷类物质。

硝酸铝与黄酮类化合物作用后生成黄酮的铝盐配合物呈黄色，该配合物在510nm处有强的光吸收，其颜色的深浅与黄酮含量成一定的比例关系，可定量测定黄酮类化合物。

黄酮类易溶于乙醇等极性强的溶剂，从而得以提取，再通过紫外可见分光光度计测其吸光度，根据芦丁标准曲线得出其含量。

三、实验试剂与仪器

1. 材料

柚皮。

2. 试剂

70%乙醇、150μg/mL 的芦丁标准溶液、50g/L 亚硝酸钠溶液、100g/L 硝酸铝溶液、1.0mol/L 氢氧化钠溶液。

3. 器材

可见分光光度计。

四、实验步骤

1. 柚皮中黄酮的提取

柚皮去囊切小块，称取 2.5g（共 3 份），分别按 15∶1、20∶1、25∶1 的液料比加入相应体积的 70%乙醇。封上保鲜膜，置于 70℃水浴加热 1h，得到黄酮待测液。

2. 绘制芦丁标准曲线

分别准确吸取 150μg/mL 的芦丁标准溶液 0mL，2.50mL，5.00mL，7.50mL，10.00mL 移入 25mL 的比色管中，各加入 50g/L 亚硝酸钠溶液 0.7mL，摇匀，放置 5min 后加入 100g/L 的硝酸铝溶液 0.7mL，摇匀，放置 6min 后再加入 1.0mol/L 氢氧化钠溶液 5mL，摇匀，加入 30%乙醇定容，充分振荡后放置 30min，以 30%乙醇为空白对照，在波长为 510nm 下测吸光度，绘制标准曲线。

3. 总黄酮的检测

用移液管吸取 2.5mL 黄酮提取物于 25mL 比色管中，加入 30%乙醇溶液定容至 12.5mL，充分振荡后放置 30min，以 30%乙醇为空白对照，在波长为 510nm 下测吸光度，平行重复三次取平均值。

五、实验结果与分析

计算总黄酮提取率，如式（8-4）所示。

$$X=(M_1V_2/MV_1)\times10^{-6}\times100 \qquad (8-4)$$

式中 X——总黄酮提取率，%；

M_1——分取待测液中黄酮的质量，μg；

M——柚皮质量，g；

V_1——待测液分取体积，mL；

V_2——待测液总体积，mL；

思考题

1. 黄酮类化合物的提取方法有哪些？
2. 本实验所用方法有哪些优缺点？

实验七 植物黄酮清除自由基的抗氧化活性试验

一、实验目的

了解植物黄酮清除自由基的作用，学习用二苯苦味肼基（DPPH）为参照物，快速测定植物黄酮清除自由基能力大小的实验方法。

二、实验原理

自由基是指具有未配对电子的原子或基团，具有极强的氧化能力。它的单电子有强烈的配对倾向，容易以各种方式与其他原子基团结合，形成更稳定的结构。

自由基是人体生命活动中各种生化反应的正常代谢产物，具有高度的化学活性，正常情况下，机体内的自由基处在不断产生与清除的动态平衡中，体内存在少量的氧自由基，不但不对人体构成威胁，而且可以促进细胞增殖，刺激白细胞和吞噬细胞杀灭细菌，具有清除炎症、分解毒物的作用。但自由基产生过多而不能及时消除时，它就会攻击机体内的生命大分子物质及各种细胞器，造成机体在分子水平、细胞水平及组织器官水平的各种损伤，加速机体的衰老进程并诱发各种疾病。

植物黄酮是一种多酚羟基结构的化合物，有良好的抗氧化作用。对自由基 DPPH 清除作用模式为

AH+DPPH·→DPPH：H+A·

（黄酮化合物）

二苯苦味肼基（DPPH，1,1-dipheny-2-picrylhydrazy radical）是一种稳定的自由基，其乙醇溶液呈紫色，在可见光区 517nm 波长处有最大吸收峰。当向含有 DPPH 的溶液体系加入植物黄酮时，DPPH 自由基的单电子被重新分配，形成另一稳定的化合物，由于自由基清除基的存在而使 DPPH 溶液颜色变浅，在最大吸收波长处的吸光度变小，因此可利用比色法检测植物黄酮对自由基的消除情况。

三、实验试剂与器材

1. 材料

植物黄酮。

2. 试剂

（1）0.15mmol/L DPPH 乙醇溶液。

（2）0.01mg/mL 黄酮乙醇溶液。

（3）0.01mg/mL 二丁基羟基甲苯（BHT）乙醇溶液。

（4）无水乙醇。

3. 器材

可见光分光光度计、试管。

四、实验步骤

1. 不同抗氧化剂消除自由基 DPPH 的比较实验

如表 8-9 所示向试管中加入试剂。将各试管置于暗处 30min，用 1cm 比色皿，以无水乙醇为参比，在 517nm 波长下测定各试管的吸光度。

表 8-9　不同抗氧化剂清除 DPPH 效果

管号	DPPH 溶液/mL	无水乙醇/mL	BHT 溶液/mL	黄酮溶液/mL	A_{517nm} 测定结果	自由基消除率/%
1	2	2	—	—		—
2	2	—	2	—		
3	2	—	—	2		

2. 不同浓度黄酮消除自由基 DPPH 的特性试验

如表 8-10 所示向试管中加入试剂。将各试管置于暗处 30min，用 1cm 比色皿，以无水乙醇为参比，在 517nm 波长下测定各试管的吸光度。

表 8-10　不同浓度黄酮清除 DPPH 效果

	管号				
	4	5	6	7	8
0. 01mg/mL 黄酮溶液/mL	0. 6	0. 8	1. 0	1. 2	1. 4
无水乙醇/mL	1. 4	1. 2	1. 0	0. 8	0. 6
DPPH 溶液/mL	2	2	2	2	2
A_{517nm}					

五、实验结果与分析

自由基清除率的计算，如式（8-5）所示。

$$自由基清除率(\%) = \frac{A_1 - A_2}{A_1} \times 100 \qquad (8-5)$$

式中　A_1——DPPH 乙醇溶液在 517nm 波长处的吸光度；

A_2——DPPH 试剂与抗氧化物混合体系溶液在 517nm 波长处的吸光度。

绘制黄酮浓度变化对消除自由基能力大小变化曲线。

思考题

若抗氧化物溶液原色较深，干扰比色测定，可采用何种办法解决？

实验八　植物黄酮在油脂中抗氧化活性测定

一、实验目的

了解油脂在加工或贮存过程中发生氧化变质的原理，以及阻止油脂氧化变质的措施，通过丙二醛比色法测定油脂氧化产物的实验，了解植物黄酮在油脂中的抗氧化作用。

二、实验原理

油脂或含油脂较多的食品在贮藏期间因空气中的氧气、日光、微生物、酶等作用，会产生不愉快的气味，甚至具有毒性，这种现象称为油脂的酸败。油脂酸败可分为三种类型。①水解型酸败：其产物为游离的脂肪酸和甘油，低级的脂肪酸如丁酸、己酸等具有特殊的苦涩滋味。②由氧化作用引起的酮型氧化酸败，多发生在饱和脂肪酸的 α-及 β-碳之间的键上。③氧化型酸败：由于暴露在空气中，自动氧化所产生的产物进一步分解生成低级脂肪酸、醛和酮，产生恶劣的气味。

抗氧化剂是能防止或延缓食品氧化，提高油脂质量的稳定和延长贮存期的物质。抗氧化剂的共同点是具有低的氧化还原电位，能够提供还原性的氢原子而降低食品内部及周围的氧含量，或使一些活性游离基淬灭及过氧化物分解破坏，从而阻止氧化过程的进行。抗氧化剂的抗氧化作用模式如下。

$$\underset{\text{抗氧化剂}}{AH} + ROO\cdot \rightarrow ROOH + A\cdot$$

或

$$AH + R\cdot \rightarrow RH + A\cdot$$

抗氧化剂的游离基 A· 是没有活性的，它不能引起一个链传递过程，却参与了一些终止反应。如：

$$A\cdot + A\cdot \rightarrow A\text{—}A$$

$$A\cdot + ROO\cdot \rightarrow ROOA$$

通过系列的油脂抗氧化比较实验，选用丙二醛显色法，了解油脂氧化与抗氧化的效果。

实验提取的植物黄酮分子是一种多酚羟基结构，有良好的抗氧化作用，其结构式如下。

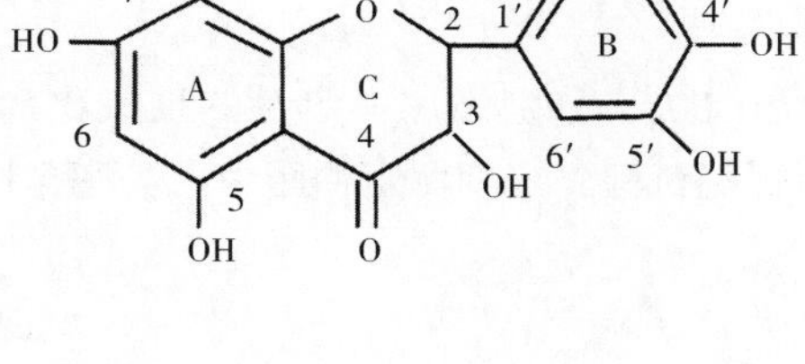

其抗氧化作用原理是：植物黄酮化合物在一定条件下以游离基 R-C₆H₄-O· 和 ·H 的形式存在，由于游离基 R-C₆H₄-O· 氧原子上的孤电子与苯环的 π 电子云相互作用，发生共轭效应，共轭效应的结果使孤电子或氧原子的电子部分地离域到苯环上，使游离基的能量大大降低而趋于稳定；而所产生的抗氧化自由基 · H 与油脂的氧化产物——过氧化自由基结合，具有终止过氧化自由基链式反应传递的作用，其作用模式为

AH（黄酮化合物）+ROO·（油脂过氧化自由基）→ROOH+A·

油脂酸败反应分解出醛、酸之类的化合物，丙二醛是分解产物的一种，它能与硫代巴比妥酸（TBA）作用生成粉红色化合物，在 538nm 波长处有吸收峰，红色化合物颜色的深浅与油脂酸败分解产物含量的大小成正比。

油脂的酸价和过氧化值也是评价油脂品质优劣的质量指标。实验通过定时抽样测定丙二醛分解产物、油脂酸价、过氧化值的变化情况，评价植物黄酮的抗氧化活性。

三、实验试剂与器材

1. 材料

猪油（新鲜提炼）或植物油（未添加抗氧化剂）、植物黄酮。

2. 试剂

（1）硫代巴比妥酸（TBA）水溶液　准确称取硫代巴比妥酸（TBA）0.288g 溶于水中，并稀释至 100mL（如 TBA 不易溶解，可加热至全部溶解澄清，然后稀释至 100mL）；

（2）三氯乙酸混合液　准确称取三氯乙酸 7.5g 及 0.1g 乙二胺基四乙酸钠，用水溶解，稀释至 100mL；

（3）丙二醛储备液　准确称取 1,1,3,3-四乙氧基丙烷 0.319g，溶解后稀释至 1000mL（相当于 100μg/mL 丙二醛），置于冰箱保存；

（4）丙二醛标准使用液　精确吸取上述储备液 10mL 稀释至 100mL（相当于 10μg/mL 丙二醛），置于冰箱保存；

（5）三氯甲烷；

（6）测定油脂酸价试剂；

（7）测定油脂过氧化值试剂；

（8）食品级抗氧化剂。

3. 器材

可见光分光光度计、恒温培养箱、恒温水浴锅、离心机。

四、实验步骤

1. 样品处理

称取精炼猪油或植物油 50.00g，分别添加一定量的抗氧化剂，如表 8-11 所示。混匀，置于 60℃恒温培养箱中进行保温试验，定期测定油脂中丙二醛含量。

表 8-11　　油脂抗氧化试验配比方案

序号	油脂/g	植物黄酮/g	油脂抗氧化剂/g
1	50	—	—
2	50		—
3	50	—	

注：抗氧化剂用乙醇溶解后加入。

2. 油脂氧化产物丙二醛含量变化的测定

（1）准确称取融化均匀的猪油或植物油 5.000g，置于 100mL 有盖三角瓶内，加入 25mL 三氯乙酸混合液，振摇 0.5h（保持猪油融熔状态，如冷结即在 70℃ 水浴上略微加热使之融化后继续振摇），用双层滤纸过滤，除去油脂、滤渣，重复用双层滤纸过滤一次。

（2）准确吸取上述滤液 5.0mL 置于 25mL 具塞试管中，加入 5.0mL TBA 溶液，混匀。置于 90℃ 水浴内保温 40min，取出，冷却至室温，加入 5mL 三氯甲烷，摇匀，静置，待溶液分层后，吸取上清液于 1cm 比色皿中，以不加油样的溶液作为参比，测定 538nm 波长处吸光度，并记录在表 8-12 中。

表 8-12　　油脂氧化试验结果一

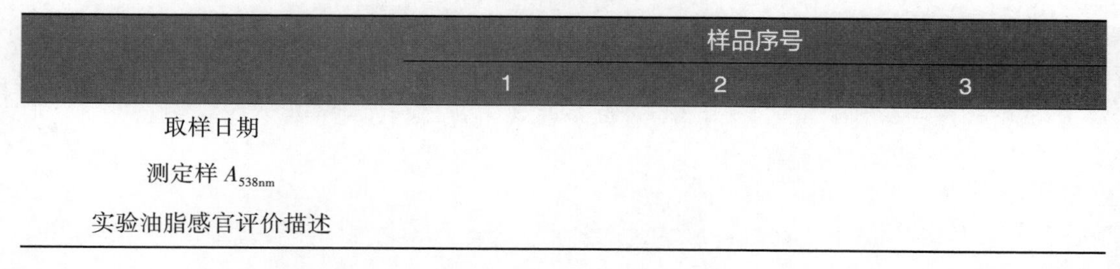

	样品序号		
	1	2	3
取样日期			
测定样 A_{538nm}			
实验油脂感官评价描述			

3. 油脂过氧化值的测定

定期取样测定油脂过氧化物值，按“油脂过氧化值测定”方法进行，并将结果记录在表 8-13 中。

4. 油脂酸价的测定

定期取样测定油脂酸价，按“油脂酸价测定”方法进行，并将结果记录在表 8-13 中。

表 8-13　　油脂氧化试验结果二

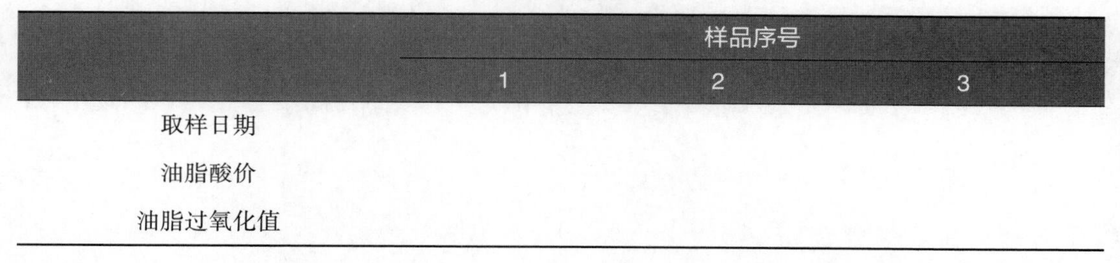

	样品序号		
	1	2	3
取样日期			
油脂酸价			
油脂过氧化值			

注意事项：

比色前若发现三氯甲烷层夹杂显色的水滴，可用离心的方法使之更好地分层。

五、实验结果与分析

1. 油脂氧化产物丙二醛的吸光度变化记录。

2. 油脂过氧化值含量计算，参见第三章实验五。

3. 油脂酸价含量计算，参见第三章实验三。

根据实验结果，绘制油脂吸光度随取样时间变化的曲线、油脂过氧化值随时间变化曲线、油脂酸价随时间变化曲线。比较植物黄酮与抗氧化剂对油脂抗氧化的效果。

思考题

1. 简述油脂氧化的机制及油脂抗氧化剂的作用机理。
2. 了解目前使用的油脂抗氧化剂的种类、特性、用量及油脂抗氧化实验方案设计。
3. 实验操作中应注意哪些问题？

实验九　食品非酶褐变、褐变程度测定

一、实验目的

1. 掌握食品非酶褐变的原理；

2. 了解食品非酶褐变对食品风味形成的影响。

二、实验原理

食品褐变对食品的质量有重要的影响。有些食品正是利用其褐变作用形成特定的品质特征，如茶叶、酱油、红烧肉；但对香蕉、苹果、马铃薯等果蔬，一旦产生了褐变作用，其品质就会下降。

褐变反应是食品加工中普遍存在的一种变色现象，按其发生的机制分为酶促褐变和非酶褐变两大类。非酶褐变又可分为以下三种类型。

（1）当还原糖与氨基酸混合在一起加热时会形成褐色“类黑色素”，该反应称为羰氨反应，又称为“美拉德反应”。蔗糖等非还原糖在不发生水解的条件下不会发生美拉德反应。

（2）糖类在无氨基化合物存在的情况下加热到其熔点以上，也会生成黑褐色的色素物质，这种作用称为焦糖化作用。

（3）柑橘类果汁在贮藏过程中会色泽变暗，放出二氧化碳，抗坏血酸含量降低，这是由于抗坏血酸自动氧化而产生的褐变。

通过焦糖的制备及羰氨反应来了解非酶褐变反应、香味的产生以及焦糖的性质和用途。

三、实验试剂与器材

1. 材料

白糖、酱油。

2. 试剂

氯化钠、60g/L 乙酸溶液、95%乙醇、250g/L 蔗糖溶液、200g/L 甘氨酸溶液、250g/L 葡萄糖溶液、100g/L 氢氧化钠溶液、10%盐酸溶液、饱和赖氨酸溶液、250g/L 阿拉伯糖溶液、250g/L 谷氨酸钠溶液、100g/L 半胱氨酸盐酸盐溶液。

3. 器材

可见分光光度计。

四、实验步骤

1. 焦糖的制备

（1）称取白糖 25g 放入蒸发皿中，加入 1mL 水，在电炉上加热到 150℃左右时关掉电源，待电炉余温使蒸发皿内温度上升至 190~195℃，恒温 10min 左右。反应过程中须不断搅拌，使反应物颜色至深褐色，稍冷后加入少量蒸馏水溶解，倒入容量瓶中，定容至 250mL，编号Ⅰ。

（2）另称取白糖25g放入蒸发皿中，加水1mL，加热到150℃，加酱油1mL，再加热到170~180℃，恒温5~10min。反应过程中须不断搅拌，使反应物颜色至深褐色。稍冷后用蒸馏水溶解，倒入容量瓶中，定容至250mL，编号Ⅱ。

2. 比色

（1）吸取编号Ⅰ和Ⅱ的100g/L的焦糖溶液各10mL，分别稀释至100mL，成为10g/L焦糖溶液。

（2）吸取上述10g/L焦糖溶液，按表8-14所列编号在小烧杯中混匀各种所需物质，再将其置于2cm的比色皿中，用分光光度计在520nm处测定吸光度，根据吸光度的大小比较不同情况下焦糖的色泽。

表8-14 焦糖在不同条件下吸光度测定

序号	10g/L焦糖Ⅰ/mL	10g/L焦糖Ⅱ/mL	水/mL	氯化钠/g	60g/L乙酸/mL	95%乙醇/mL	吸光度
1	10	—	10	—	—	—	
2	10	—	10	3.6	—	—	
3	10	—	—	—	10	—	
4	10	—	—	—	—	10	
5	—	10	10	—	—	—	
6	—	10	10	3.6	—	—	
7	—	10	—	—	10	—	
8	—	10	—	—	—	10	

3. 简单组分间的美拉德反应

（1）取3个试管，各加250g/L葡萄糖溶液和250g/L谷氨酸钠溶液5滴。取第1个试管加10%盐酸2滴；第2个试管加100g/L氢氧化钠溶液2滴；第3个试管不加酸碱。将上述试管同时放入沸水中加热片刻，比较试管中溶液变色快慢和最终颜色的深浅。

（2）取3个试管，第1个试管加入200g/L甘氨酸溶液和250g/L蔗糖溶液各5滴；第2个试管加入250g/L谷氨酸溶液和250g/L蔗糖溶液各5滴；第3个试管加入200g/L甘氨酸溶液和250g/L葡萄糖溶液各5滴。在上述3个试管中各加2滴100g/L氢氧化钠，放入沸水浴中加热，比较试管中溶液变色快慢和最终颜色的深浅。

（3）取3个试管，分别加入3mL 200g/L甘氨酸、250g/L谷氨酸钠、饱和赖氨酸溶液，另取1个试管加入200g/L甘氨酸及100g/L半胱氨酸盐酸盐溶液各2mL，然后分别加入250g/L葡萄糖溶液1mL，加热至沸腾，观察颜色的变化及香气的产生。再把试管加热烘干，进一步观察颜色的变化并辨别所产生的香气。用250g/L的阿拉伯糖代替葡萄糖同样操作一次，记录香气类型，讨论产香机制并辨别香气的异同点。

五、实验结果与分析

1. 比较两种焦糖在不同条件下的吸光度变化情况，比较稳定性。
2. 比较不同pH条件下美拉德反应的速度和产物是否有差别。

3. 比较不同氨基酸和不同糖类发生美拉德反应的差异。
4. 比较不同氨基酸种类和数量与葡萄糖发生美拉德反应产物的区别。

思考题

1. 试述不同酸碱度对颜色影响的原因。
2. 不同的氨基酸与葡萄糖反应为什么会有不同的香气产生？

实验十 非酶褐变——美拉德反应及影响因素

一、实验目的

1. 了解和掌握美拉德反应的基本原理和影响因素；
2. 掌握美拉德反应的测定原理、方法和步骤；
3. 体会实验条件对结果的影响。

二、实验原理

在一定的条件下，还原糖与氨基可发生一系列复杂的反应，最终生成类黑精色素——褐色的含氮色素，并产生一定的风味物质，这类反应统称为美拉德（Maillard）反应（也称羰氨反应）。美拉德反应会对食品体系的色泽和风味产生较大影响。反应过程包括还原糖与胺形成葡基胺，希夫碱葡糖胺重排（Amadori 重排）（醛糖）或海恩斯（Heyns）重排（酮糖），再经过复杂的反应生成具有一定风味的小分子物质，最后生成深色物质。

美拉德反应的影响因素包括以下五个方面。①还原糖是美拉德反应的主要物质，五碳糖褐变速率是六碳糖的 10 倍左右，还原性单糖中五碳糖褐变速率排序为：核糖>阿拉伯糖>木糖；六碳糖中，半乳糖>甘露糖>葡萄糖。还原性双糖相对分子质量大，反应速率也慢。在羰基化合物中，α-乙烯醛褐变最快，其次是 α-双糖基化合物，酮类最慢。胺类褐变速率快于氨基酸。②温度一般每相差 10℃，反应速率相差 3～5 倍，温度高于 80℃时，反应速率受温度和氧气影响变小。③水分含量在 10%～15%时反应容易发生，完全干燥的食品难以发生反应。④当 pH 在 3 以上时，反应随 pH 增加而加快。⑤亚硫酸氢盐具有抑制褐变的作用，钙盐与氨基酸结合形成不溶性化合物可抑制反应的发生。

三、实验试剂与器材

1. 试剂

D-葡萄糖、L-天门冬氨酸、L-赖氨酸、L-苯丙氨酸、L-蛋氨酸、L-脯氨酸、L-精氨酸、L-亮氨酸、蔗糖、D-木糖、D-半乳糖、D-果糖、四硼酸钠、氢氧化钠、氯化钾、氯化钙、氯化镁、氯化亚铁、氯化铁、蒸馏水、磷酸氢二钠、柠檬酸。

（1）pH 4.8 的磷酸氢二钠-柠檬酸缓冲液　称 28.40g 磷酸氢二钠溶于蒸馏水中，于 1000mL 容量瓶中定容至刻度，配成 0.2mol/L 磷酸氢二钠溶液。

称取 42.02g 一水柠檬酸（$C_6H_8O_7 \cdot H_2O$）溶于蒸馏水中，于 2000mL 容量瓶中定容至刻度，配成 0.1mol/L 柠檬酸溶液。取 986mL 0.2mol/L 磷酸氢二钠溶液与 1014mL 0.1mol/L 柠檬酸溶液混合，即成 pH 4.8 磷酸氢二钠-柠檬酸缓冲液。

（2）各类氨基类化合物溶液和葡萄糖溶液　称取 0.2955g 丙胺、0.5060g 二丙胺、0.7164g 三丙胺、0.6508g 赖氨酸、0.4455g 丙氨酸、0.7356g 谷氨酸、0.9008g 葡萄糖分别溶于 pH 4.8 的磷酸氢二钠-柠檬酸缓冲液中，定容至 100mL，即配成 0.05mol/L 丙胺溶液、

0.05mol/L 二丙胺溶液、0.05mol/L 三丙胺溶液、0.05mol/L 赖氨酸溶液、0.05mol/L 丙氨酸溶液、0.05mol/L 谷氨酸溶液、0.05mol/L 葡萄糖溶液。

2. 器材

万分之一电子天平，恒温水浴锅，752 分光光度计，容量瓶（1000mL、2000mL），干燥箱，pH 计，铝箔纸。

四、实验步骤

1. 美拉德反应

（1）向 7 支装有 50mg D-葡萄糖的试管中添加 7 种不同的氨基酸（各试管中氨基酸的添加量为 50mg），再加入 0.5mL 蒸馏水，充分混匀。

（2）嗅闻每支试管，描述其风味并记录感官结果。

（3）用铝箔纸将每支试管盖起来，放入 100℃ 水浴中，加热 45min，再在水浴中冷却到室温，记录每支试管的气味（如巧克力味、马铃薯味、爆米花味等）。记录颜色：0=无色，1=亮黄色，2=深黄色，3=褐色。

2. 影响因素

（1）不同 pH 对反应的影响　称取适量的赖氨酸和葡萄糖，用盐酸或氢氧化钠调节 pH 为 5.0~12.0，氨基酸和葡萄糖最终浓度分别约为 0.02mol/L，用棕色瓶贮存置于暗处备用。吸取一定量的反应液于具塞试管中，在温度为 100℃ 水浴中加热 1h 以上，反应结束后冷却到室温测定吸光度，记录结果。

（2）不同温度和时间对反应的影响　称取适量的赖氨酸和葡萄糖溶解配制成浓度约为 0.02mol/L 的溶液，用氢氧化钠溶液调节 pH 至 10.0。选取 80℃、90℃、100℃ 这 3 个温度，分别保持 30min、60min、90min、120min。油浴 110℃、120℃ 分别保持 10min、20min、30min，然后冷却到室温，在 420mm 波长处测定吸光度，记录结果。

（3）赖氨酸与不同类糖的反应　分别称取适量的 5 种糖，配制浓度为 0.1mol/L 的糖溶液，取糖溶液 2mL 分别加入 5 支试管中，再往每支试管中加入 0.1mol/L 的赖氨酸溶液 2mL，用 0.1mol/L 的氢氧化钠溶液调 pH 至 10.0，将试管置于 100℃ 水浴中加热，40min 后取出，冷却至室温测定 420nm 处的吸光度，记录结果。

（4）金属离子对反应的影响　准确称取氯化钾、氯化亚铁、氯化钙、氯化镁、氯化铁，用蒸馏水定容至 100mL，得到 0.01ml/L 的溶液。分别吸取溶液 5mL 用蒸馏水定容至 50mL，配成 1mmol/L 的溶液。称取葡萄糖、赖氨酸配制成浓度约为 0.02mol/L 的溶液，用氢氧化钠溶液调节 pH 至 10.0。取一定量的反应液于具塞三角瓶中，按 0.05mL/10mL 反应液加入金属盐溶液，并同时做空白试验，在 100℃ 水浴中加热 60min，冷却到室温后分别测定其吸光度，记录结果。

（5）不同氨基类化合物对反应的影响　各取 10.00mL 氨基类化合物溶液分别与葡萄糖溶液等体积混合（表 8-15），置于 100℃ 烘箱中反应 2h，取出，用自来水迅速冷却到室温。

表 8-15 实验试剂混合表

实验号	氨基类化合物	糖类
1	0.05mol/L 丙胺	0.05mol/L 葡萄糖
2	0.05mol/L 二丙胺	0.05mol/L 葡萄糖
3	0.05mol/L 三丙胺	0.05mol/L 葡萄糖
4	0.05mol/L 赖氨酸	0.05mol/L 葡萄糖
5	0.05mol/L 丙氨酸	0.05mol/L 葡萄糖
6	0.05mol/L 谷氨酸	0.05mol/L 葡萄糖

考察指标为感官评价和 420nm 处的吸光度。冷却后，用紫外分光光度计在 420nm 处测吸光度，以磷酸氢二钠-柠檬酸缓冲溶液为对照，观察溶液的颜色和气味。

五、实验结果与分析

结果记录于表 8-16 中。

表 8-16 实验结果记录表

实验号	氨基酸化合物	糖类	溶液颜色和气味	吸光度
1	0.05mol/L 丙胺	0.05mol/L 葡萄糖		
2	0.05mol/L 二丙胺	0.05mol/L 葡萄糖		
3	0.05mol/L 三丙胺	0.05mol/L 葡萄糖		
4	0.05mol/L 赖氨酸	0.05mol/L 葡萄糖		
5	0.05mol/L 丙氨酸	0.05mol/L 葡萄糖		
6	0.05mol/L 谷氨酸	0.05mol/L 葡萄糖		

1. 不同氨基类物质与葡萄糖反应，产生的颜色是否相同，颜色深浅是否相同，产生的气味是否相同？
2. 在此反应条件下，哪种氨基类物质褐变速度最快？
3. 根据实验结果，可以采取什么措施控制或利用羰氨反应褐变？

思考题

1. 各条件下美拉德反应的规律是什么？
2. 影响美拉德反应速率的因素有哪些？

实验十一　pH 对花色素苷溶液色泽的影响

一、实验目的

1. 了解花色素苷的结构及影响其颜色稳定性的因素；
2. 掌握酸、碱对花色素苷溶液色泽的影响。

二、实验原理

花色素苷（Anthocyanins）是一类在自然界分布最广泛的水溶性色素，许多水果、蔬菜和花之所以有鲜艳的颜色，就是由于细胞汁液中存在着这类水溶性化合物。植物中的许多颜色（包括蓝色、红紫色、紫色、红色及橙色等）都是由花色素苷产生的。

花色素苷稳定性、结构与颜色随着 pH 改变而变化，水溶液介质中，花色素苷随 pH 不同可能有 4 种结构。下面分子结构式表示二甲花翠素-3-葡萄糖苷在 pH 0~6 范围内变化呈现的 4 种结构。当 pH 低于 3.0 时，黄烊阳离子是花色苷的主要存在形式，显现红色；当 pH 逐渐升高到 6 时，花色苷的结构转化成无色的甲醇假碱和查耳酮假碱；当 pH 高于 7 时，花色苷形成醌类结构，并显现蓝色。花色苷受温度影响最为显著，热处理会使其化学稳定性、颜色以及功能性发生巨大的变化。温度达 60℃ 以上时，花色苷发生降解转变为查耳酮。

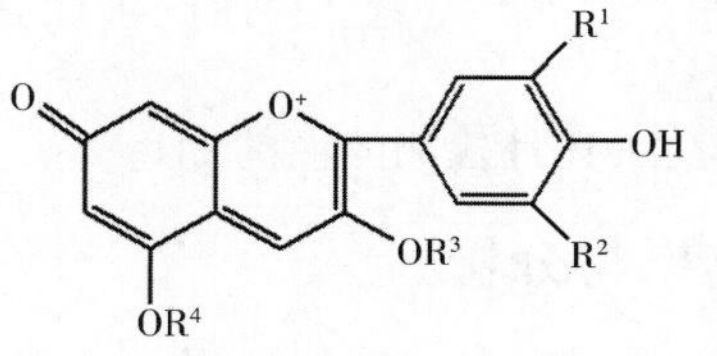

A 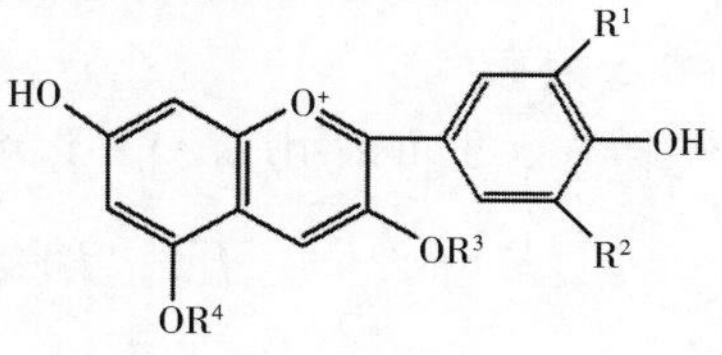　AH$^+$

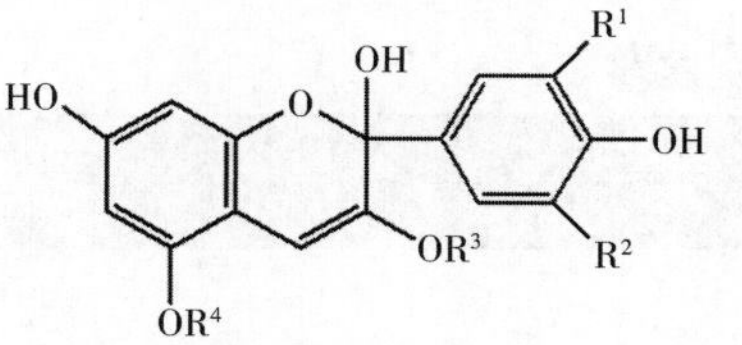

B 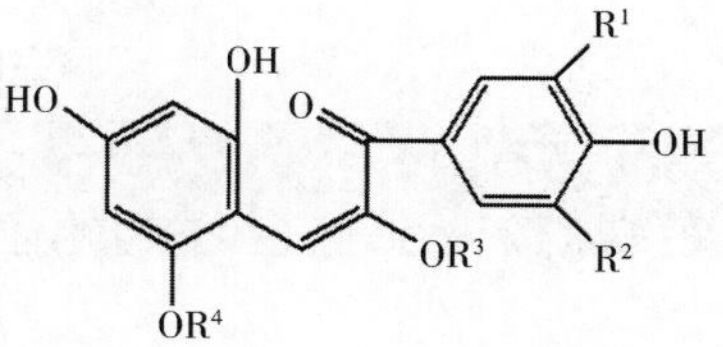　C

A、B、C 和 AH$^+$分别代表醌型碱、甲醇假碱、查耳酮和花色阳离子。

三、实验试剂与仪器

1. 材料

紫甘蓝、茄子皮、樱桃、草莓。

2. 试剂

1mol/L HCI 溶液、1mol/L NaOH 溶液。

3. 器材

天平、研钵、水浴锅、数显 pH 计、可见分光光度计。

四、实验步骤

1. 色素的提取

实验材料清洗、晾干后，切成小块，研磨，取匀浆 10g，加蒸馏水 90mL，用蒸馏水在100℃下浸提 0.5h，抽滤，得滤液。

2. 色素 pH 调配

每一种实验材料取滤液 50mL，定容至 250mL，取 14 支试管，每管装滤液 10mL，用 1mol/L HCl 或 1mol/L NaOH，调酸碱度，用 pH 计检测，使 pH 分别为 1、2、3、4、5、6、7、8、9、10、11、12、13、14，另取 1 支试管保持材料的自然 pH 作为对照，不需调整酸碱度。

3. 吸收曲线的测定

将调节好的滤液，用光径 1cm 的比色杯，以蒸馏水调零，置于可见分光度计中，在 530nm 处进行比色，测定各实验材料随 pH 变化的吸光度，观察花青素在不同 pH 下的颜色变化，记录实验结果于表 8-17 中，并绘制各实验材料在不同 pH 下的吸收曲线。

4. 确定突变 pH

根据颜色的突变（由红变蓝），确定各实验材料颜色发生突变（出现无色）的 pH。

注意事项：

（1）可根据季节和当地资源选取花青素含量高的果蔬进行实验。

（2）实验材料所接触的仪器设备必须是玻璃或不锈钢制材料，不得采用铝质或铁制等金属器材，以避免金属离子对花青素色泽发生干扰。

（3）实验材料的稀释度可根据吸光度情况自行调整，然后乘以稀释倍数即可，一般以对照样品 A 在 0~0.5 为宜。

（4）为便于操作，也可采用广泛 pH 试纸代替 pH 计检测滤液的 pH。

五、实验结果与分析

实验结果记录于表 8-17 中。

表 8-17　　吸光度记录表

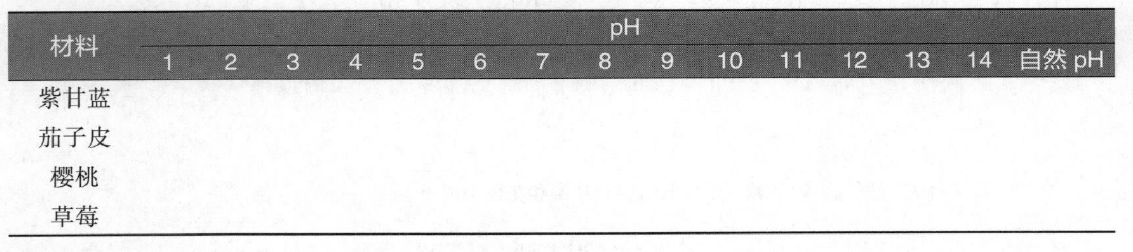

材料	pH														
	1	2	3	4	5	6	7	8	9	10	11	12	13	14	自然 pH
紫甘蓝															
茄子皮															
樱桃															
草莓															

思考题

什么是花色素苷？什么因素会影响其色泽？

实验十二 食品发酵过程中间产物鉴定

一、实验目的

1. 熟悉食品发酵的全过程和某一中间步骤;
2. 掌握用添加抑制剂的方法来研究中间代谢产物的原理和方法。

二、实验原理

在酵母菌中，葡萄糖经糖酵解途径（EMP 途径）首先产生丙酮酸。丙酮酸在丙酮酸脱羧酶的作用下转变为乙醛，后者接受 $NADH+H^+$中的 2 个 H 而还原为乙醇，即乙醇发酵。

在正常情况下，代谢中间产物丙酮酸、乙醛存在的量不多，为了证明它们作为反应途径的中间产物存在着，可向反应体系中加入一些酶的抑制剂，在研究条件下，抑制催化某一化合物转变的酶，或者改变反应条件，可使酶的活性降低；或者加入一种“诱感剂”，使它与中间代谢物反应后形成一种不能代谢的物质等。

在弱碱性条件下，丙酮酸脱羧酶活性丧失。因此，丙酮酸不能进一步代谢而积累下来，它的存在可以通过与2,4-二硝基苯肼反应来证明。

利用碘乙酸对糖酵解过程中3-磷酸甘油醛脱氢酶的抑制作用，使3-磷酸甘油醛不再向前变化而积累下来。硫酸肼作为稳定剂，用来防止3-磷酸甘油醛自发分解。然后用2,4-二硝基苯肼与3-磷酸甘油醛在碱性条件下形成2,4-二硝基苯肼-丙糖的棕色复合物，其棕色程度与3-磷酸甘油醛含量成正比。

向反应混合物中加入亚硫酸钠，它可以“诱捕”乙醛，加入硝普酸钠和哌啶后，有蓝色物质的形成说明有乙醛的存在。

三、实验试剂与器材

1. 材料

鲜酵母。

2. 试剂

浓氨水，硫酸铵，亚硫酸钠，哌啶，100g/L 氢氧化钠溶液，0. 5mol/L、5mol/L 磷酸氢二钠溶液，50g/L、100g/L 葡萄糖溶液（4℃冰箱保存），50g/L、100g/L 三氯乙酸溶液，50g/L 硝普酸钠（使用前配制），0. 75mol/L 氢氧化钠溶液，0. 02mol/L 碘乙酸。

0. 56mol/L 硫酸肼溶液：称取 7. 28g 硫酸肼溶于 50mL 水中，这时不会全部溶解。当加入氢氧化钠使 pH 达 7. 4 时完全溶解。此溶液也可用水合肼溶液配制，可按其分子浓度稀释至 0. 56mol/L，此时溶液呈碱性，可用浓硫酸调 pH 至 7. 4。

酵母悬浮液①：把 1g 鲜酵母块溶于 10mL 磷酸氢二钠溶液中（4℃冰箱保存）。

酵母悬浮液②：把 1g 鲜酵母块溶于 10mL 水中（4℃冰箱保存）。

酵母悬浮液③：把 1g 鲜酵母块溶于 10mL 磷酸二氢钾溶液中（4℃冰箱保存）。

2,4-二硝基苯肼盐酸饱和溶液：0.1g 2,4-二硝基苯肼溶于100mL 2mol/L盐酸中，贮于棕色瓶中备用。

3. 器材

冰水浴，37℃水浴，吸量管（5mL、2mL、1mL、0.5mL），离心管，离心机，试管及试管架。

四、实验步骤

1. 酵母菌的发酵作用

取2支干净试管，编号为1和2（注意：试管口应平整）。把2支试管放入冰水浴中冷却，向每支试管中加入3mL预冷却的葡萄糖溶液。

向试管1中加入3mL以磷酸氢二钠溶液制备的酵母悬浮液①，迅速混合后于试管口上放一个载玻片。

向试管2中加入3mL以磷酸二氢钾溶液配制的酵母悬浮液②，迅速混合后于试管口上放一个载玻片。

把2支试管放于37℃水浴中精确保温1h，然后向每管中加入2mL 50g/L三氯乙酸溶液，充分混合后，在3000r/min转速下离心10min。

吸出上清液，监测丙酮酸的生成。

2. 丙酮酸的检测

2,4-二硝基苯肼试验：取1支试管，加入2mL上清液，然后加入1mL 2,4-二硝基苯肼盐酸饱和溶液，充分混合；另取1支试管，加入2~5滴上述混合液，再加入1mL 10g/L氢氧化钠溶液，然后加水到大约5mL，如果有丙酮酸存在，将出现红色。

硝普酸钠试验：取1支干净试管，加入大约1g硫酸铵，然后加入2mL煮沸过的上清液。向试管中加入2~5滴新配制的硝普酸钠溶液，充分混合，沿管壁慢慢加入浓氨水使其形成两层。如果有丙酮酸存在，在两液面交界处将产生绿色或蓝色的环。由于巯基的存在，蓝色或绿色的环出现之前，往往有桃红色出现，但存在的时间很短。

3. 3-磷酸甘油醛的检测

检测3-磷酸甘油醛，参见第七章实验二的方法。

4. 中间产物乙醛的鉴定

取3支干净试管，编号为1、2和3，把3支试管放入冰水浴中冷却。

向管1中加入3mL水，向管2和管3中分别加入3mL预冷的葡萄糖溶液，然后加入3mL以水配制的酵母悬浮液②。

向管2中加入0.5g亚硫酸钠，充分混匀。

把3支试管放入37℃水浴中保温1h。

将试管内容物在3000r/min转速下离心10min，取各管上清液检测乙醛的存在。

另取3支干净试管，编号后分别加入管1、管2和管3的上清液2mL，分别加入0.5mL新配制的硝普酸钠及2mL哌啶，混合，若有乙醛存在，将有蓝色化合物产生。

注意事项：

（1）酵母悬浮液及葡萄糖溶液应放在4℃的冰箱中保存。

（2）硝普酸钠和哌啶溶液应是新配制的。

五、实验结果与分析

1. 根据酵母发酵实验中 2 支试管检测丙酮酸的情况，判断酵母发酵情况，并给出 2 支试管发酵差异的原因。

2. 将 3–磷酸甘油醛实验结果中 3 支试管的颜色进行对比，解释 3 支试管颜色出现差异的原因。

3. 解释乙醛鉴定实验中的 3 支试管颜色出现差异的原因。

思考题

如何鉴定酵母发酵过程中的中间产物？

实验十三　面筋制备

一、实验目的

探究盐、糖、油等其他成分对面筋形成的影响。

二、实验原理

为使烘焙食品具有期望的质构，小麦粉必须能在烘焙时产生具有一定的韧性和弹性的网状结构，而产品出炉后也要具有合适的强度。由面粉制得的面筋蛋白对烘焙过程中面团或面糊具备的弹性和烘后所具备的半刚性结构贡献较大。面粉与水混合后，面粉中的麦谷蛋白和麦醇溶蛋白结合形成面筋，面筋的作用是为烘焙食品提供结构和包裹烘焙时产生的气体。然而，很多面糊和面团不单单是面粉和水的混合物，其他的成分（如糖、盐、油、乳化剂和面粉改良剂等）都会对搅拌和揉捏过程中形成的面筋的量产生影响，从而影响烘焙食品的最终质构。

三、实验试剂与器材

1. 材料

全麦粉 50g、面包粉 50g、通用粉 50g、糖 25g、植物油 10mL、盐 1g。

2. 试剂

碘化钾-碘溶液 5mL、甘油单酯 100mg、硬质酰乳酸钠（SSL）100mg。

3. 器材

天平、烤箱、纱布。

四、实验步骤

1. 将面粉与所加其他成分按表 8-18 配方充分混匀，加水搅拌，制成可用手揉捏的生面团。

2. 用手揉面团 10~15min，直到面筋较好地形成为止。

3. 将面团放入两层纱布做成的袋中，并置于流动水下洗涤，直到洗面团的水澄清为止。在烧杯中滴加碘化钾-碘溶液检查烧杯中水的颜色，到无蓝色出现时洗涤完成（需 30min 或更长时间）。处理全麦粉时，要先将其中的麦糠除去再放入纱布中冲洗。

4. 洗完的面团就是面筋，进行称重，注意观察它的黏弹性。

5. 将面筋制成小球状，放入 230℃ 烤箱中烘烤 15min，降低温度到 150℃，再烘烤 20min 或直到干燥。烘烤时烤箱应关闭。所有放进同一烤箱的面筋球应该放在同一个盘子上，间距至少 15cm，并同时放入烤箱。观察烘焙后面筋球的尺寸。

表 8-18　　　　　　　　制备面团的配方

样品号	面粉/50g	添加的成分	水的体积/mL	样品号	面粉/50g	添加的成分	水的体积/mL
1	全麦粉	—	30	5	通用粉	10mL 油	20
2	面包粉	—	30	6	通用粉	0.025g 甘油单酯	30
3	通用粉	—	30	7	通用粉	0.025gSSL	30
4	通用粉	25g 糖	30	8	通用粉	0.5g 氯化钠	30

五、实验结果与分析

不同面团的参数记录于表 8-19 中。烘焙后，以面筋质量为纵坐标，样品类别为横坐标，绘制曲线，比对各样品区别。

表 8-19　　　　　　　　不同面团的参数

	样品号							
	1	2	3	4	5	6	7	8
面团质量/g								
面团的黏弹性								
烘焙后面筋球直径/cm								

思考题

1. 洗涤面团的水中什么物质与碘结合变蓝？如果将洗面筋的水煮沸会发生什么现象？
2. 不同配方中，影响面筋形成的因素是什么？

实验十四　热处理温度对果汁中维生素 C 的影响

一、实验目的

研究热处理温度对果汁中维生素 C 的影响，并掌握用 2,6-二氯酚靛酚滴定法测定还原型维生素 C 含量的原理及方法。

二、实验原理

维生素 C 又称抗坏血酸，具有广泛的生理功能，如增强免疫力、防治坏血病等，是人体不可缺少的营养成分。还原型维生素 C 和氧化型脱氢维生素 C 在一定条件下可以相互转换，具有生理作用，但维生素 C 降解成 2,3-二酮古洛糖酸等产物后则无生理活性。使维生素 C 降解的因素很多，如温度、盐、pH 等。在酸性溶液（pH<4）中，维生素 C 对热较稳定，在中性以上溶液（pH>7.6）中非常不稳定。

在中性和碱性条件下，氧化型 2,6-二氯酚靛酚染料为蓝色；在酸性条件下，氧化型 2,6-二氯酚靛酚染料为红色。还原型 2,6-二氯酚靛为无色。在酸性条件下，用氧化型 2,6-二氯酚靛酚染料滴定果汁样品中还原型维生素 C，则氧化型 2,6-二氯酚靛酚（红色）被还原为还原型 2,6-二氯酚靛（无色），而还原型维生素 C 还原 2,6-二氯酚靛酚后，本身被氧化成脱氢维生素 C。当还原型维生素 C 被完全氧化后，多余半滴氧化型 2,6-二氯酚靛酚（红色）即使溶液呈现红色。所以，当溶液由无色变为红色那一刻即为滴定终点。在没有杂质干扰时，一定量的果汁样品还原标准 2,6-二氯酚靛酚的量与果汁样品中所含维生素 C 的量成正比。反应式如下所示。

还原型维生素C　+　2,6-二氯酚靛酚（红色）$\underset{OH^-}{\overset{H^+}{\rightleftharpoons}}$（蓝色）

→ 氧化脱氢型维生素C　+　还原型2,6-二氯酚靛酚（无色）

本实验将果汁在60℃，70℃，80℃，90℃，100℃水浴中加热30min，以未处理的果汁为对照，测定它们中还原型维生素C的含量，观察还原型维生素C含量的变化规律，从而了解热处理温度对果汁中还原型维生素C含量的影响。

三、实验试剂与器材

1. 材料

果汁。

2. 试剂

所有试剂均为分析纯，水为蒸馏水。

（1）10g/L草酸溶液　2.5g草酸溶于250mL水中。

（2）维生素C标准溶液　准确称取20mg维生素C，用1g/100mL草酸溶液定容至10mL，混匀，于冰箱中保存。使用时吸取上述维生素C标准溶液5mL。用10g/L草酸溶液定容至50mL。此标准使用液每毫升相当于0.02mg维生素C。

维生素C标准溶液标定方法如下。吸取标准使用液5mL于三角烧瓶中，加入60g/L碘化钾溶液0.5mL，10g/L淀粉溶液3滴，再以0.01mol/L KIO_3标准溶液滴定，终点为淡蓝色。计算如式（8-6）所示。

$$溶液浓度(mg/mL)=\frac{V_1\times 0.088}{V_2} \tag{8-6}$$

式中　V_1——滴定时所耗0.001mol/L KIO_3标准溶液的量，mg/mL；

V_2——所取维生素C的量，mL；

0.088——1mL 0.0001mol/L KIO_3标准溶液相当于维生素C的量，mg/mL。

（3）2,6-二氯酚靛酚溶液　称取碳酸氢钠52mg，溶于200mL沸水中，然后称取2,6-二氯酚靛酚50mg，溶解在上述碳酸氢钠的溶液中，待冷，置于冰箱中过夜，次日过滤，定容至250mL，摇匀。然后贮于棕色瓶中并冷藏，使用前标定。标定方法：取5mL已知浓度的维生素C标准溶液，加入5mL 1g/100mL草酸溶液，摇匀，用2,6-二氯酚靛酚溶液滴定至溶液呈粉红色，以15s不褪色为止。计算如式（8-7）所示。

$$T=\frac{C\times V_1}{V_2} \tag{8-7}$$

式中　T——2,6-二氯靛酚溶液滴定度，即每毫升2,6-二氯靛酚相当于维生素C的质量，mg/mL；

C——维生素C的质量浓度，mg/mL；

V_1——取维生素的体积，mL；

V_2——消耗2,6-二氯酚靛酚溶液的体积，mL。

（4）0.001mol/L KIO_3标准溶液　精确称取KIO_3 0.3568g（KIO_3预先在105℃烘2h，在干燥器中冷却备用），定容至1L，得到0.01mol/L KIO_3溶液。再稀释10倍即为0.001mol/L KIO_3标准溶液。

（5）10g/L淀粉溶液　称取1g可溶性淀粉，溶于沸水中，冷却加水至100mL。

（6）60g/L碘化钾溶液　6g碘化钾溶于100mL水中。

3. 器材

烧杯、容量瓶、量筒、滴定管、水浴锅等。

四、实验步骤

1. 吸取10mL未经加热处理的果汁（含维生素C 1~6mg），用10g/L草酸溶液定容至100mL，摇匀。吸取10mL在60℃，70℃，80℃，90℃，100℃水浴中加热30min的果汁，用10g/L草酸溶液定容至100mL，摇匀。

2. 过滤果汁样液，若果汁样液具有颜色，用白陶土（脱色力强但对维生素C无损失）脱色，然后迅速吸取5.0mL果汁滤液和5.0mL 10g/L草酸溶液，置于50mL三角烧瓶中，用标定的2,6-二氯酚靛酚溶液滴定，直至溶液呈粉红色，以15s内不褪色为滴定终点。用10g/L草酸溶液代替果汁样液做空白实验。

五、实验结果与分析

1. 结果计算

维生素C含量计算如式（8-8）所示。

$$\text{维生素C（mg/100mL）}=\frac{(V_1-V_0)\times T\times F\times 100}{V_2} \tag{8-8}$$

式中 V_1——滴定果汁样液消耗的2,6-二氯酚靛酚溶液的体积，mL；

V_0——滴定空白液消耗的2,6-二氯酚靛酚溶液的体积，mL；

T——1mL 2,6-二氯酚靛酚溶液相当于维生素C标准溶液的量，mg；

F——果汁定容时的稀释倍数；

V_2——滴定时所取得果汁滤液的体积，mL。

2. 结果记录

数据结果记录于表8-20~表8-22中。

表8-20 维生素C使用液标定记录表

平行实验	V_1/mL	V_2/mL	维生素C浓度/（mg/mL）	平均维生素C浓度/（mg/mL）
1				
2				
3				

表8-21 2,6-二氯酚靛酚溶液标定记录表

平行试验	V_1/mL	V_2/mL	滴定度 T/（mg/mL）	平均 T/（mg/mL）
1				
2				
3				

表 8-22　　热处理温度对果汁中还原性维生素 C 含量影响记录表

温度	V_0/mL	V_1/mL	V_2/mL	F	维生素 C 浓度/（mg/100mL）
未加热					
60℃					
70℃					
80℃					
90℃					
100℃					

思考题

比较热处理温度对还原型维生素 C 的影响，找出维生素 C 的变化规律，并说说其对生活和工业杀菌的启示。

附录

APPENDIX

附录一　实验室安全与防护知识

一、实验室安全知识

在生物化学实验室中，经常与毒性很强，有腐蚀性，易燃烧和具有爆炸性的化学药品直接接触，常常使用易碎的玻璃和瓷质的器皿，以及在煤气、水、电等高热设备的环境下进行着紧张而细致的工作。因此，必须十分重视安全工作。

1. 进入实验室开始工作前，应了解水阀门及电闸所在位置。离开实验室时，一定要将室内检查一遍，应将水、电开关关好，门窗锁好。

2. 不得超负荷使用电器设备。保险丝熔断后应寻找原因，排除故障或确认无危险后用相同保险丝更换，不得用铁丝、铜丝和粗保险丝代替。

3. 使用电器设备（如烘箱、恒温水浴锅、离心机、电炉等）时，严防触电；绝不可用湿手或在眼睛侧视时开关电闸和电器开关。检查电器设备是否漏电，应用试电笔或手背轻轻触及仪器表面，凡是漏电的仪器，一律不能使用。

4. 使用浓酸、浓碱时，必须极为小心地操作，防止溅失。用移液管量取这些试剂时，必须使用吸耳球，绝对不能用口吸取。若不慎溅在实验台或地面，必须及时用湿抹布擦洗干净。如果触及皮肤，应立即治疗。

5. 严禁在开口容器和密闭体系中用明火加热有机溶剂，只能使用加热套或水浴加热。废有机溶剂不得倒入废物桶，只能倒入回收瓶，以后再集中处理，量少时用水稀释后将其排入下水道。不得在烘箱内存放、干燥、烘焙有机物。在有明火的实验台面上不允许放置开口的有机溶剂或倾倒有机溶剂。

6. 如果不慎洒出了相当量的易燃液体，则应按下法处理。

（1）立即关闭室内所有的火源和电加热器。

（2）关门，开启小窗及窗户。

（3）用毛巾或抹布擦拭洒出的液体，并将液体移到大容器中，然后再倒入带塞的玻璃瓶中。

7. 用油浴操作时，应小心加热，不断用金属温度计测量油温，不要使温度超过油的燃烧温度。

8. 易燃和易爆炸物质的残渣（如金属钠、白磷、火柴头）不得倒入污桶或水槽中，应收集在指定的容器内。

9. 少量废液，特别是强酸和强碱不能直接按倒入水槽中，应先稀释，然后倒入水槽。再用大量自来水冲洗水槽及下水道。

10. 若使用毒物，应按实验室管理规定办理审批手续后领取，使用时严格操作，用后妥善处理。

二、实验室灭火法

实验中一旦发生了火灾切不可惊慌失措，应保持镇静。首先立即切断室内一切火源和电源，然后根据具体情况积极正确地进行抢救和灭火。常用的方法有如下。

1. 在可燃液体燃着时，应立刻拿开着火区域内的一切可燃物质，关闭通风器，防止扩大燃烧。若着火面积较小，可用石棉布、湿布、铁片或沙土覆盖，隔绝空气使火熄灭。但覆盖时要轻，避免碰坏或打翻盛有易燃溶剂的玻璃器皿，导致更多的溶剂流出而再着火。

2. 乙醇及其他可溶于水的液体着火时，可用水灭火。

3. 汽油、乙醚、甲苯等有机溶剂着火时，应用石棉布或沙土扑灭。绝对不能用水，否则反而会扩大燃烧面积。

4. 金属钠着火时，可把沙子倒在它的上面。

5. 导线着火时不能用水及二氧化碳灭火器，应切断电源或用四氯化碳灭火器。

6. 衣服被烧着时切不要奔走，可用衣服、大衣等包裹身体或躺在地上滚动，以灭火。

7. 发生火灾时注意保护现场。较大的着火事故应立即报警。

三、实验室急救

在实验过程中不慎发生受伤事故，应立即采取适当的急救措施。

1. 玻璃割伤及其他机械损伤

首先必须检查伤口内有无玻璃或金属物等碎片，然后用硼酸水洗净伤口，再涂擦碘伏，必要时用纱布包扎。若伤口较大或过深而大量出血，应迅速在伤口上部和下部扎紧血管止血，立即到医院诊治。

2. 烫伤

将烧、烫伤的部位用清洁的流动冷水轻轻冲或浸泡 10~30min，然后在冷水中小心除去衣物，对于疼痛明显者可持续浸泡在冷水中 10~30min。轻度烫伤可用浓酒精（90%~95%）消毒后，涂上苦味酸软膏。如果伤处红痛或红肿（一级灼伤），可擦医用橄榄油或用棉花蘸酒精敷盖伤处；若皮肤起泡（二级灼伤），不要弄破水泡，防止感染；若伤处皮肤呈棕色或黑色（三级灼伤），应用干燥而无菌的消毒纱布或棉质布类覆盖伤口，并加以固定，并转送到专业治疗烧伤的烧伤专科医院进行进一步正规治疗。

3. 强碱（如氢氧化钠、氢氧化钾）、钠、钾等触及皮肤而引起灼伤时，要先用大量自来水冲洗，再用 50g/L 硼酸溶液或 20g/L 乙酸溶液涂洗。

4. 强酸、溴等触及皮肤而致灼伤时，应立即用大量自来水冲洗，再以 50g/L 碳酸氢钠溶液或 50g/L 氢氧化铵溶液洗涤。

5. 酚触及皮肤引起灼伤时，可用酒精冲洗。

6. 若发生煤气中毒，应到室外呼吸新鲜空气，严重时应立即到医院诊治。

7. 汞容易由呼吸道进入人体，也可以经皮肤直接吸收而引起积累性中毒。严重中毒的症状是口中有金属味，呼出气体也有气味；流唾液，打哈欠时疼痛，牙床及嘴唇上有硫化汞的黑色；淋巴结及唾液腺肿大。若不慎中毒时，应送医院急救。急性中毒时，通常用碳粉或呕吐剂彻底洗胃，或者食入蛋白（如 1L 牛乳加 3 个鸡蛋清）或蓖麻油解毒并引发呕吐。

8. 触电

触电时可按下述方法之一切断电路。

（1）关闭电源。

（2）用干木棍将导线与被害者分开。

（3）使被害者和土地分离，急救时急救者必须做好防止触电的安全措施，手或脚必须绝缘。

附录二　实验消毒与灭菌

消毒是指用物理、化学或生物的方法杀死病原微生物的过程。灭菌指杀灭物体中所有微生物的繁殖体和芽孢的过程。灭菌的原理就是使蛋白质和核酸等生物大分子发生变性，从而达到杀死细菌的目的。消毒与灭菌的方法很多，一般可分为加热、过滤、紫外线照射和使用化学药品等方法。

1. 干热灭菌法

干热灭菌法是利用高温使微生物细胞内的蛋白质凝固变性而达到灭菌目的的灭菌方法。细胞内的蛋白质凝固性与其本身的含水量有关，在菌体受热时，环境和细胞内含水量越大，则蛋白质凝固就越快；反之，含水量越小，凝固越慢。因此，与湿热灭菌法相比，干热灭菌法所需温度高（160~170℃），时间长（1~2h）。干热灭菌法温度不能超过 180℃，否则包器皿的纸或棉塞就会被烤焦，甚至引起燃烧。干热灭菌法的操作与注意事项如下。

（1）装入待灭菌物品　将包好的待灭菌物品（培养皿、试管、吸管等）放入电烘箱内，关好箱门。

（2）升温　接通电源，拨动开关，打开电烘箱排气孔，旋动恒温调节器至绿灯亮，让温度逐渐上升。当温度升至 100℃时，关闭排气孔。在升温过程中，如果红灯熄灭，绿灯亮，表示箱内停止加温，此时如果还未达到所需的 160~170℃，则需转动调节器使红灯再亮，如此反复调节，直至达到所需温度。

（3）恒温　当温度升到 160~170℃时，借恒温调节器的自动控制，保持此温度 2h。

（4）降温　切断电源，自然降温。

（5）开箱取物　待电烘箱内温度降到 60℃以下后打开箱门，取出灭菌物品。

（6）注意事项

①灭菌物品不能堆得太满、太紧，以免影响温度均匀上升；

②灭菌物品不能直接放在电烘箱底板上，以防止包纸烤焦；

③灭菌温度恒定在160~170℃为宜，温度过高，纸和棉塞会被烤焦；

④降温时待温度自然降至60℃以下再打开箱门取出物品，以免温度过高时骤然降温导致玻璃器皿炸裂。

2. 高压蒸汽灭菌法

高压蒸汽灭菌法是将待灭菌的物品放在一个密闭的加压灭菌锅内，通过加热使灭菌锅套间的水沸腾而产生蒸汽。待水蒸气急剧地将锅内的冷空气从排气阀中驱尽，然后关闭排气阀，继续加热时，由于蒸汽不能溢出，增加了灭菌器内的压力，从而使沸点升高，得到高于100℃的温度，导致菌体蛋白质凝固变性而达到灭菌的目的。

在同一温度下，湿热灭菌的杀菌效力比干热灭菌大。主要有三个原因：①湿热灭菌中细菌菌体吸收水分，蛋白质较易凝固，因蛋白质含水量增加，所需凝固温度降低；②湿热灭菌的穿透力比干热灭菌大；③湿热灭菌的蒸汽有潜热存在。这种潜热能迅速提高被灭菌物体的温度，从而增加灭菌效力。高压蒸汽灭菌的操作如下。

（1）首先将内层锅取出，再向外层锅内加入适量的水，使水面与三角搁架相平为宜。

（2）放回内层锅，并装入待灭菌物品（培养基等）。注意不要装得太挤，以免妨碍蒸汽流通而影响灭菌效果，玻璃器皿的口端均不要与桶壁接触，以免冷凝水淋湿包口的纸而透入棉塞。

（3）加盖，并将盖上的排气软管插入内层锅的排气槽内。再以两两对称的方式同时旋紧相对的两个螺栓，使螺栓松紧一致，切勿漏气。

（4）用电炉或煤气加热，并同时打开排气阀，使水沸腾以排除锅内的冷空气。待冷空气完全排尽后，关上排气阀，让锅内的温度随蒸汽压力增加而逐渐上升。当锅内压力升到所得压力时，控制热源，维持压力至所需时间。

（5）灭菌所需时间到后，切断电源或关闭煤气，让灭菌锅内温度自然下降，当压力表的压力降至“0”时，打开排气阀，旋松螺栓，打开盖子，取出灭菌物品。

3. 过滤灭菌

许多材料如血清与糖溶液若用一般加热消毒灭菌方法，均会被热破坏，因此采用过滤灭菌的方法。应用最广泛的过滤器有蔡氏（Seitz）过滤器和膜过滤器。蔡氏过滤器是用银或铝等金属制成的，分为上、下两节，过滤时，用螺旋把石棉板紧紧地夹在上、下两节滤器之间，然后将溶液置于滤器中抽滤。每次过滤必须用一张新滤扳。膜过滤器的结构与蔡氏过滤器相似，只是滤膜是一种多孔纤维素（醋酸纤维素或硝酸纤维素），孔径般为0.45μm或0.22μm，过滤时，液体和小分子物质通过，细菌被截留在滤膜上，但若要将病毒除掉，则需更小孔径的滤膜。

4. 紫外线灭菌

紫外线波长为200~300nm，具有杀菌作用，其中以265~266nm杀菌力最强。

无菌室或无菌接种箱空气可用紫外线灯照射灭菌。

5. 化学药品灭菌

化学药品消毒灭菌法是应用能杀死微生物的化学制剂进行消毒灭菌的方法。实验室桌面、用具以及洗手用的溶液均常用化学药品进行消毒灭菌。常用的有20g/L煤酚皂溶液（来苏尔）、2.5g/L苯扎溴铵（新洁尔灭）、10g/L氧化汞、3~50g/L的甲醛溶液、75%乙醇溶液等，如附表1所示。

附表1　　常用化学杀菌剂应用范围和常用浓度

类别	实例	常用浓度	应用范围
醇类	乙醇	50%~75%	皮肤及器械消毒
酸类	乳酸	0.33~1mol/L	空气消毒（喷雾或熏蒸）
碱类	石灰水	10~30g/L	地面消毒
酚类	酚酞	50g/L	空气消毒（喷雾）
	来苏尔	20~50g/L	空气、皮肤消毒
醛类	福尔马林	40%	接种室、接种箱或厂房熏蒸消毒
重金属离子	氧化汞	1g/L	植物组织（如根瘤）表面消毒
	硝酸银	1~10g/L	皮肤消毒
	高锰酸钾	1~30g/L	皮肤、水果、器皿消毒
氧化剂	过氧化氢	3%	清洗伤口
	氯气	0.2~1mg/L	饮用水清洁消毒
	次氯酸钙	10~50g/L	洗刷培养基、饮用水及粪便消毒
去污剂	苯扎溴铵	水稀释20倍	皮肤、不用遇热的器皿消毒
染料	结晶紫	20~40g/L	浅创伤口消毒
金属螯合剂	8-羟基喹啉硫酸盐	1~2g/L	外用、清洗消毒

6. 一般实验器材的消毒灭菌原则

（1）凡直接或间接接触实验微生物的器材均应视为有传染性，均进行消毒处理。

（2）金属器材、玻璃器皿可用高压蒸汽灭菌和干热灭菌的方法，适用于耐高温、高湿的器械和物品的灭菌。

（3）使用过的玻璃吸管、试管、离心管、玻璃片、玻璃棒、锥形瓶和培养皿等玻璃器皿应立即浸入0.5%过氧乙酸或有效氯为2000mg/L的含氯消毒剂中1h以上，消毒后用超声波清洗的方法洗净沥干，使用前再进行高压灭菌处理。

（4）一次性帽子、口罩、手套、工作服、防护服等使用后应放入污物袋中集中销毁。

（5）耐热的塑料器材可在5~10g/L肥皂液或洗涤液溶液中煮沸15~30min，然后清水洗涤沥干后，于121℃下高压灭菌处理15min。

（6）不耐热的塑料器材可用紫外线灭菌或合适的化学药品灭菌。

附录三 常用缓冲液的配制

1. 甘氨酸-盐酸缓冲液（0. 05mol/L 甘氨酸）

50mL 0. 2mol/L 甘氨酸+*X*mL 0. 2mol/L 盐酸，再加水稀释至 200mL。如附表 2 所示。

附表 2 甘氨酸-盐酸缓冲液的配制

pH	*X*/mL	pH	*X*/mL
2. 2	44. 0	3. 0	11. 4
2. 4	32. 4	3. 2	8. 2
2. 6	24. 2	3. 4	6. 4
2. 8	16. 8	3. 6	5. 0

注：甘氨酸相对分子质量 75. 07。0. 2mol/L 甘氨酸溶液含 15. 01g/L。

2. 邻苯二甲酸-盐酸缓冲液（0. 05mol/L 邻苯二甲酸氢钾）

5mL 0. 2mol/L 邻苯二甲酸氢钾+*X*mL 0. 2mol/L 盐酸，再加水稀释至 20mL。如附表 3 所示。

附表 3 邻苯二甲酸-盐酸缓冲液的配制

pH（20℃）	*X*/mL	pH（20℃）	*X*/mL
2. 2	4. 670	3. 2	1. 470
2. 4	3. 960	3. 4	0. 990
2. 6	3. 295	2. 6	0. 597
2. 8	2. 642	3. 8	0. 263
3. 0	2. 032		

注：邻苯二甲酸氢钾相对分子质量 204. 23。0. 2mol/L 邻苯二甲酸氢钾溶液含 40. 85g/L。

3. 磷酸氢二钠-柠檬酸缓冲液

磷酸氢二钠-柠檬酸缓冲液的配制，如附表 4 所示。

附表 4 磷酸氢二钠-柠檬酸缓冲液的配制

pH	0. 2mol/L 磷酸氢二钠/mL	0. 1mol/L 柠檬酸/mL	pH	0. 2mol/L 磷酸氢二钠/mL	0. 1mol/L 柠檬酸/mL
2. 2	0. 40	19. 60	5. 2	10. 72	9. 28
2. 4	1. 24	18. 76	5. 4	11. 15	8. 85
2. 6	2. 18	17. 82	5. 6	11. 60	8. 40
2. 8	3. 17	16. 83	5. 8	12. 09	7. 91
3. 0	4. 11	15. 89	6. 0	12. 63	7. 37

续表

pH	0.2mol/L 磷酸氢二钠/mL	0.1mol/L 柠檬酸/mL	pH	0.2mol/L 磷酸氢二钠/mL	0.1mol/L 柠檬酸/mL
3.2	4.94	15.06	6.2	13.22	6.78
3.4	5.70	14.30	6.4	13.85	6.15
3.6	6.44	13.56	6.6	14.55	5.45
3.8	7.10	12.90	6.8	15.45	4.55
4.0	7.71	12.29	7.0	16.47	3.53
4.2	8.28	11.72	7.2	17.39	2.61
4.4	8.82	11.18	7.4	18.17	1.83
4.6	9.35	10.65	7.6	18.73	1.27
4.8	9.86	10.14	7.8	19.15	0.85
5.0	10.30	9.70	8.0	19.45	0.55

注：磷酸氢二钠（Na_2HPO_4）相对分子质量 141.98；0.2mol/L 溶液为 28.40g/L。

二水合磷酸氢二钠（$Na_2HPO_4 \cdot 2H_2O$）相对分子质量 178.05；0.2mol/L 溶液为 35.61g/L。

十二水合磷酸氢二钠相对分子质量 358.22；0.2mol/L 溶液为 71.64g/L。

一水柠檬酸相对分子质量 210.14；0.1mol/L 溶液为 21.01g/L。

4. 柠檬酸-氢氧化钠-盐酸缓冲液

柠檬酸-氢氧化钠-盐酸缓冲液配制如附表 5 所示。

附表 5　　柠檬酸-氢氧化钠-盐酸缓冲液的配制

pH	钠离子浓度/(mol/L)	柠檬酸/g	氢氧化钠/g	浓盐酸/mL	最终体积/L[①]
2.2	0.20	210	84	160	10
3.1	0.20	210	83	116	10
3.3	0.20	210	83	106	10
4.3	0.20	210	83	45	10
5.3	0.35	245	144	68	10
5.8	0.45	285	186	105	10
6.5	0.38	266	156	126	10

注：使用时可以每升中加入 1g 酚，若最后 pH 有变化，再用少量 500g/L 氢氧化钠溶液或浓盐酸调节，冰箱保存。

5. 柠檬酸-柠檬酸钠缓冲液（0.1mol/L 柠檬酸根）

柠檬酸-柠檬酸钠缓冲液配制，如附表 6 所示。

附表 6　　柠檬酸-柠檬酸钠缓冲液的配制

pH	0.1mol/L 柠檬酸/mL	0.1mol/L 柠檬酸钠/mL	pH	0.1mol/L 柠檬酸/mL	0.1mol/L 柠檬酸钠/mL
3.0	18.6	1.4	5.0	8.2	11.8
3.2	17.2	2.8	5.2	7.3	12.7
3.4	16.0	4.0	5.4	6.4	13.6
3.6	14.9	5.1	5.6	5.5	14.5
3.8	14.0	6.0	5.8	4.7	15.3
4.0	13.1	6.9	6.0	3.8	16.2
4.2	12.3	7.7	6.2	2.8	17.2
4.4	11.4	8.6	6.4	2.0	18.0
4.6	10.3	9.7	6.6	1.4	18.6
4.8	9.2	10.8			

注：柠檬酸（$C_6H_8O_7 \cdot H_2O$）相对分子质量 210.14；0.1mol/L 溶液为 21.01g/L。

柠檬酸钠（$Na_3C_6H_5O_7 \cdot 2H_2O$）相对分子质量 294.12；0.1mol/L 溶液为 29.41g/L。

6. 乙酸-乙酸钠缓冲液（0.2mol/L 乙酸根）

乙酸-乙酸钠缓冲液配制，如附表 7 所示。

附表 7　　乙酸-乙酸钠缓冲液配制

pH（18℃）	0.2mol/L 乙酸钠/mL	0.2mol/L 乙酸/mL	pH（18℃）	0.2mol/L 乙酸钠/mL	0.2mol/L 乙酸/mL
3.6	0.75	9.35	4.8	5.90	4.10
3.8	1.20	8.80	5.0	7.00	3.00
4.0	1.80	8.20	5.2	7.90	2.10
4.2	2.65	7.35	5.4	8.60	1.40
4.4	3.70	6.30	5.6	9.10	0.90
4.6	4.90	5.10	5.8	6.40	0.60

注：乙酸钠（$NaAc \cdot 3H_2O$）相对分子质量 136.09；0.2mol/L 溶液为 27.22g/L。

冰乙酸 11.8mL 稀释至 1L（须标定）。

7. 磷酸二氢钾-氢氧化钠缓冲液（0.05mol/L 磷酸二氧钾）

5mL 0.2mol/L 磷酸二氢钾 + XmL 0.2mol/L 氢氧化钠，加水稀释至 20mL。如附表 8 所示。

附表 8　　磷酸二氢钾-氢氧化钠缓冲液配制

pH（20℃）	X/mL	pH（20℃）	X/mL
5.8	0.372	7.0	2.963
6.0	0.570	7.2	3.500
6.2	0.860	7.4	3.950
6.4	1.260	7.6	4.280
6.6	1.780	7.8	4.520
6.8	2.365	8.0	4.680

8. 磷酸盐缓冲液

磷酸氢二钠-磷酸二氢钠缓冲液（0.2mol/L）配制，如附表 9 所示。

附表 9　　磷酸氢二钠-磷酸二氢钠缓冲液配制

pH	0.2mol/L 磷酸氢二钠/mL	0.2mol/L 磷酸二氢钠/mL	pH	0.2mol/L 磷酸氢二钠/mL	0.2mol/L 磷酸二氢钠/mL
5.8	8.0	92.0	7.0	61.0	39.0
5.9	10.0	90.0	7.1	67.0	33.0
6.0	12.3	87.7	7.2	72.0	28.0
6.1	15.0	85.0	7.3	77.0	23.0
6.2	18.5	81.5	7.4	81.0	19.0
6.3	22.5	77.5	7.5	84.0	16.0
6.4	26.5	73.5	7.6	87.0	13.0
6.5	31.5	68.5	7.7	89.5	10.5
6.6	37.5	62.5	7.8	91.5	8.5
6.7	43.5	56.5	7.9	93.0	7.0
6.8	49.0	51.0	8.0	94.7	5.3
6.9	55.0	45.0			

注：二水合磷酸氢二钠（$Na_2HPO_4 \cdot 2H_2O$）相对分子质量 178.05；0.2mol/L 溶液为 35.61g/L。

十二水合磷酸氢二钠（$Na_2HPO_4 \cdot 12H_2O$）相对分子质量 358.22；0.2mol/L 溶液为 71.64g/L。

一水磷酸二氢钠（$NaH_2PO_4 \cdot H_2O$）相对分子质量 138.01；0.2mol/L 溶液为 27.6g/L。

二水合磷酸二氢钠（$NaH_2PO_4 \cdot 2H_2O$）相对分子质量 156.03；0.2mol/L 溶液为 31.21g/L。

9. 磷酸氢二钠-磷酸二氢钾缓冲液

磷酸氢二钠-磷酸二氢钾缓冲液［（1/15）mol/L］配制，如附表 10 所示。

附表 10　　磷酸氢二钠-磷酸二氢钾缓冲液配制

pH	(1/15) mol/L 磷酸氢二钠/mL	(1/15) mol/L 磷酸二氢钾/mL	pH	(1/15) mol/L 磷酸氢二钠/mL	(1/15) mol/L 磷酸二氢钾/mL
4. 92	0. 10	0. 90	7. 17	7. 00	3. 00
5. 29	0. 50	9. 50	7. 38	8. 00	2. 00
5. 91	1. 00	9. 00	7. 73	9. 00	1. 00
6. 24	2. 00	8. 00	8. 04	9. 50	0. 50
6. 47	3. 00	7. 00	8. 34	9. 75	0. 25
6. 64	4. 00	6. 00	8. 67	9. 90	0. 10
6. 81	5. 00	5. 00	8. 18	10. 00	0
6. 98	6. 00	4. 00			

10. 磷酸氢二钠-氢氧化钠缓冲液

50mL 0. 05mol/L 磷酸氢二钠+XmL 0. 1mol/L 氢氧化钠，加水稀释至 100mL。如附表 11 所示。

附表 11　　磷酸氢二钠-氢氧化钠缓冲液配制

pH	X/mL	pH	X/mL
10. 9	3. 3	11. 5	11. 1
11. 0	4. 1	11. 6	13. 5
11. 1	5. 1	11. 7	16. 2
11. 2	6. 3	11. 8	19. 4
11. 3	7. 6	11. 9	23. 0
11. 4	9. 1	12. 0	26. 9

11. 巴比妥钠-盐酸缓冲液

巴比妥钠-盐酸缓冲液配制如附表 12 所示。

附表 12　　巴比妥钠-盐酸缓冲液配制

pH (18℃)	0. 04mol/L 巴比妥钠/mL	0. 2mol/L HCl/mL	pH (18℃)	0. 04mol/L 巴比妥钠/mL	0. 2mol/L HCl/mL
6. 8	100	18. 4	8. 4	100	5. 21
7. 0	100	17. 8	8. 6	100	3. 82
7. 2	100	16. 7	8. 8	100	2. 52
7. 4	100	15. 3	9. 0	100	1. 65
7. 6	100	13. 4	9. 2	100	1. 13

续表

pH（18℃）	0.04mol/L 巴比妥钠/mL	0.2mol/L HCl/mL	pH（18℃）	0.04mol/L 巴比妥钠/mL	0.2mol/L HCl/mL
7.8	100	11.47	9.4	100	0.70
8.0	100	9.39	9.6	100	0.35
8.2	100	7.21			

注：巴比妥钠分子质量 206.18；0.04mol/L 溶液为 8.25g/L。

12. 氯化钾-氢氧化钠缓冲液

25mL 0.2mol/L 氯化钾与 *X*mL 0.2mol/L 氢氧化钠，加水稀释至 100mL。如附表 13 所示。

附表 13　　氯化钾-氢氧化钠缓冲液配制

pH	*X*/mL	pH	*X*/mL
12.0	6.0	12.5	20.4
12.1	8.0	12.6	25.6
12.2	10.2	12.7	32.2
12.3	12.8	12.8	41.2
12.4	16.2	12.9	53.0
		13.0	66.0

13. Tris-HCl 缓冲液（0.05mol/L Tris）

50mL 0.1mol/L 三羟甲基氨基甲烷（Tris）溶液与 *X*mL 0.1mol/L 盐酸混匀并稀释至 100mL。如附表 14 所示。

附表 14　　Tris-HCl 缓冲液配制

pH（25℃）	*X*/mL	pH（25℃）	*X*/mL
7.10	45.7	8.10	26.2
7.20	44.7	8.20	22.9
7.30	43.4	8.30	19.9
7.40	42.0	8.40	17.2
7.50	40.3	8.50	14.7
7.60	38.5	8.60	12.4
7.70	36.6	8.70	10.3
7.80	34.5	8.80	8.5
7.90	32.0	8.90	7.0
8.00	29.2		

注：Tris 分子质量 121.14；0.1mol/L 溶液为 12.114g/L。Tris 溶液可从空气中吸收二氧化碳，使用时注意将瓶盖盖严。

14. 硼酸-硼砂缓冲液（0.2mol/L 硼酸根）

硼酸-硼砂缓冲液的配制，如附表 15 所示。

附表 15　　硼酸-硼砂缓冲液配制

pH	0.05mol/L 硼砂/mL	0.2mol/L 硼酸/mL	pH	0.05mol/L 硼砂/mL	0.2mol/L 硼酸/mL
7.4	1.0	9.0	8.2	3.5	6.5
7.6	1.5	8.5	8.4	4.5	5.5
7.8	2.0	8.0	8.7	6.0	4.0
8.0	3.0	7.0	9.0	8.0	2.0

注：硼砂（$Na_2B_4O_7 \cdot 10H_2O$）相对分子质量 381.43；0.05mol/L 溶液（等于 0.2mol/L 硼酸根）含 19.07g/L。硼砂易失去结晶水，必须在带塞的瓶中保存。

硼酸（H_3BO_3）相对分子质量 61.84；0.2mol/L 溶液为 12.37g/L。

15. 甘氨酸-氢氧化钠缓冲液（0.05mol/L 甘氨酸）

50mL 0.2mol/L 甘氨酸+*X*mL 0.2mol/L 氢氧化钠加水稀释至 200mL。如附表 16 所示。

附表 16　　甘氨酸-氢氧化钠缓冲液配制

pH	*X*/mL	pH	*X*/mL
8.6	4.0	9.6	22.4
8.8	6.0	9.8	27.2
9.0	8.8	10	32.0
9.2	12.0	10.4	38.6
9.4	16.8	10.6	45.5

注：甘氨酸相对分子质量 75.07；0.2mol/L 溶液含 15.01g/L

16. 硼砂-氢氧化钠缓冲液（0.05mol/L 硼酸根）

50mL 0.05mol/L 硼砂+*X*mL 0.2mol/L 氢氧化钠，加水稀释至 200mL。如附表 17 所示。

附表 17　　硼砂-氢氧化钠缓冲液的配制

pH	*X*/mL	pH	*X*/mL
9.3	6.0	9.8	34.0
9.4	11.0	10.0	43.0
9.6	23.0	10.1	46.0

注：硼砂（$Na_2B_4O_7 \cdot 10H_2O$）相对分子质量 381.43；0.05mol/L 硼砂溶液（等于 0.2mol/L 硼酸根）为 19.07g/L。

17. 碳酸钠-碳酸氢钠缓冲液

碳酸钠-碳酸氢钠缓冲液（0. 1mol/L）配制（此缓冲液在 Ca^{2+}、Mg^{2+}存在时不得使用）。如附表 18 所示。

附表 18　　碳酸钠-碳酸氢钠缓冲液配制

pH		0. 1mol/L 碳酸钠/mL	0. 1mol/L 碳酸氢钠/mL
20℃	37℃		
9. 16	8. 77	1	9
9. 40	9. 22	2	8
9. 51	9. 40	3	7
9. 78	9. 50	4	6
9. 90	9. 72	5	5
10. 14	9. 90	6	4
10. 28	10. 08	7	3
10. 53	10. 28	8	2
10. 83	10. 57	9	1

注：十水合碳酸钠（$Na_2CO_3 \cdot 10H_2O$）相对分子质量 286. 2；0. 1mol/L 溶液为 28. 62g/L。
碳酸氢钠（$NaHCO_3$）相对分子质量 84. 0；0. 1mol/L 溶液为 8. 40g/L。

18. 碳酸氢钠-氢氧化钠缓冲液（0. 025mol/L 碳酸氢钠）

50mL 0. 05mol/L 碳酸氢钠+X 毫升 0. 1mol/L 氢氧化钠，加水稀释至 100mL。如附表 19 所示。

附表 19　　碳酸氢钠-氢氧化钠缓冲液配制

pH	X/mL	pH	X/mL
9. 6	5. 0	10. 3	15. 2
9. 7	6. 2	10. 4	16. 5
9. 8	7. 6	10. 5	17. 8
9. 9	9. 1	10. 6	19. 1
10. 0	10. 7	10. 7	20. 2
10. 1	12. 2	10. 8	21. 2
10. 2	13. 8	10. 9	22. 0
		11. 0	22. 7

附录四　常用酸碱指示剂

附表 20　　常用酸碱指示剂指标

指示剂	变色范围 pH	颜色变化（酸式—碱式）	pK_{HIn}	浓度	用量/（滴/10mL）
百里酚蓝	1.2~2.8	红—黄	1.7	1g/L 的 20%乙醇溶液	1~2
甲基黄	2.9~4.0	红—黄	3.3	1g/L 的 90%乙醇溶液	1
甲基橙	3.1~4.4	红—黄	3.4	0.5g/L 的水溶液	1
溴酚蓝	3.0~4.6	黄—紫	4.1	1g/L 的 20%乙醇或其钠盐水溶液	1
溴甲酚绿	3.8~5.4	黄—蓝	4.9	1g/L 的 20%乙醇或其钠盐水溶液	1~3
甲基红	4.4~6.2	红—黄	5.0	1g/L 的 60%乙醇或其钠盐水溶液	1
溴百里酚蓝	6.2~7.6	黄—蓝	7.3	1g/L 的 20%乙醇或其钠盐水溶液	1
中性红	6.8~8.0	红—黄橙	7.4	1g/L 的 60%乙醇溶液	1
苯酚红	6.7~8.4	黄—红	8.0	1g/L 的 60%乙醇或其钠盐水溶液	1
酚酞	8.0~10.0	无—红	9.1	5g/L 的 90%乙醇溶液	1~3
百里酚酞	9.4~10.6	无—蓝	10.0	1g/L 的 90%乙醇溶液	1~2

附录五　中华人民共和国法定计量单位

我国的法定计量单位（以下简称法定单位）包括：①国际单位制的基本单位（附表 21）；②国际单位制的辅助单位（附表 22）；③国际单位制中具有专门名称的导出单位（附表 23）；④国家选定的非国际单位制单位（附表 24）；⑤由以上单位构成的组合形式的单位；⑥由词头和以上单位构成的十进倍数和分数单位。法定单位的定义、使用方法等，由国家市场监督管理总局另行规定。

附表 21　　国际单位制的基本单位

量的名称	单位名称	单位符号
长度	米	m
质量	千克	kg
时间	秒	s

续表

量的名称	单位名称	单位符号
电流	安 [培]	A
热力学温度	开 [尔文]	K
物质的量	摩 [尔]	mol
发光强度	坎 [德拉]	cd

附表 22　国际单位制的辅助单位

量的名称	单位名称	单位符号
平面角	弧度	rad
立体角	球面度	sr

附表 23　国际单位制中具有专门名称的导出单位

量的名称	单位名称	单位符号	其他表示实例
频率	赫 [兹]	Hz	s^{-1}
力，重力	牛 [顿]	N	$kg \cdot m/s^2$
压力，压强；应力	帕 [斯卡]	Pa	N/m^2
能量；功；热	焦 [耳]	J	$N \cdot m$
功率；辐射通量	瓦 [特]	W	J/s
电荷量	库 [仑]	C	$A \cdot s$
电位；电压；电动势	伏 [特]	V	W/A
电容	法 [拉]	F	C/V
电阻	欧 [姆]	Ω	V/A
电导	西 [门子]	S	A/V
磁通量	韦 [伯]	Wb	$V \cdot s$
磁通量密度；磁感应强度	特 [斯拉]	T	Wb/m^2
电感	亨 [利]	H	Wb/A
摄氏温度	摄氏度	℃	—
光通量	流 [明]	lm	$cd \cdot sr$
光照度	勒 [克斯]	lx	lm/m^2
放射性活度	贝克 [勒尔]	Bq	s^{-1}
吸收剂量	戈 [瑞]	Gy	J/kg
剂量当量	希 [沃特]	Sv	J/kg

附表 24　　国家选定的非国际单位制单位

量的单位	单位名称	单位符号	换算关系和说明
时间	分	min	1min = 60s
	[小] 时	h	1h = 60min = 3600s
	日（天）	d	1d = 24h = 86400s
平面角	[角] 秒	(″)	1″ = （π/648000） rad （π 为圆周率）
	[角] 分	(′)	1′ = 60″ = （π/10800） rad
	度	(°)	1° = 60′ = （π/180） rad
旋转速度	转每分	r/min	1r/min = （1/60） s^{-1}
长度	海里	n mile	1n mile = 1852m（只用于航程）
速度	节	kn	1kn = 1n mile/h = （1852/3600） m/s（只用于航程）
质量	吨	t	$1t = 10^3 kg$
	原子质量单位	u	$1u \approx 1.660540 \times 10^{-27} kg$
体积	升	L，(l)	$1L = 1dm^3 = 10^{-3} m^3$
能	电子伏	eV	$1eV \approx 1.602177 \times 10^{-19} J$
级差	分贝	dB	—
线密度	特 [克斯]	tex	$1tex = 10^{-6} kg/m$

附录六　硫酸铵饱和度的常用表

1. 调整硫酸铵溶液饱和度计算表（25℃）

25℃条件下硫酸铵溶液饱和度数据，如附表 25 所示。

附表 25　　25℃条件下硫酸铵溶液饱和度计算表

		在 25℃硫酸铵目标饱和度/%																
		10	20	25	30	33	35	40	45	50	55	60	65	70	75	80	90	100
		每 1000mL 溶液加固体硫酸铵的质量/g																
硫酸铵初始饱和度/%	0	56	114	144	176	196	209	243	277	313	351	390	430	472	516	561	662	767
	10		57	86	118	137	150	183	216	251	288	326	365	406	449	494	592	694
	20			29	59	78	91	123	155	189	225	262	300	340	382	424	520	619
	25				30	49	61	93	125	158	193	230	267	307	348	390	485	583
	30					19	30	62	94	127	162	198	235	273	314	356	449	546
	33						12	43	74	107	142	177	214	252	292	333	426	522
	35							31	63	94	129	164	200	238	278	319	411	506
	40								31	63	97	132	168	205	245	285	375	469
	45									32	65	99	134	171	210	250	339	431
	50										33	66	101	137	176	214	302	392
	55											33	67	103	141	179	264	353
	60												34	69	105	143	227	314
	65													34	70	107	190	275
	70														35	72	153	237
	75															36	115	198
	80																77	157
	90																	79

2. 调整硫酸铵溶液饱和度计算表（0℃）

0℃条件下硫酸铵溶液饱和度数据，如附表 26 所示。

附表 26　　0℃条件下硫酸铵溶液饱和度计算表

硫酸铵初始饱和度/%	在 0℃硫酸铵目标饱和度/%																
	20	25	30	35	40	45	50	55	60	65	70	75	80	85	90	95	100
	每 100mL 溶液加固体硫酸铵的质量/g																
0	10.6	13.4	16.4	19.4	22.6	25.8	29.1	32.6	36.1	39.8	43.6	47.6	51.6	55.9	60.3	65.0	69.7
5	7.9	10.8	13.7	16.6	19.7	22.9	26.2	29.6	33.1	36.8	40.5	44.4	48.4	52.6	57.0	61.5	66.2
10	5.3	8.1	10.9	13.9	16.9	20.0	23.3	26.6	30.1	33.7	37.4	41.2	45.2	49.3	53.6	58.1	62.7
15	2.6	5.4	8.2	11.1	14.1	17.2	20.4	23.7	27.1	30.6	34.3	38.1	42.0	46.0	50.3	54.7	59.2
20		2.7	5.5	8.3	11.3	14.3	17.5	20.7	24.1	27.6	31.2	34.9	38.7	42.7	46.9	51.2	55.7
25			2.7	5.6	8.4	11.5	14.6	17.9	21.1	24.5	28.0	31.7	35.5	39.5	43.6	47.8	52.2
30				2.8	5.6	8.6	11.7	14.8	18.1	21.4	24.9	28.5	32.3	36.2	40.2	44.5	48.8
35					2.8	5.7	8.7	11.8	15.1	18.4	21.8	25.4	29.1	32.9	36.9	41.0	45.3
40						2.9	5.8	8.9	12.0	15.3	18.7	22.2	25.8	29.6	33.5	37.6	41.8
45							2.9	5.9	9.0	12.3	15.6	19.0	22.6	26.3	30.2	34.2	38.3
50								3.0	6.0	9.2	12.5	15.9	19.4	23.0	26.8	30.8	34.8
55									3.0	6.1	9.3	12.7	16.1	19.7	23.5	27.3	31.3
60										3.1	6.2	9.5	12.9	16.4	20.1	23.1	27.9
65											3.1	6.3	9.7	13.2	16.8	20.5	24.4
70												3.2	6.5	9.9	13.4	17.1	20.9
75													3/2	6.6	10.1	13.7	17.4
80														3.3	6.7	10.3	13.9
85															3.4	6.8	10.5
90																3.4	7.0
95																	3.5
100																	

3. 不同温度下饱和硫酸铵溶液的数据

不同温度下饱和硫酸铵溶液数据如附表 27 所示。

附表 27　　不同温度下饱和硫酸铵溶液数据

	温度				
	0℃	10℃	20℃	25℃	30℃
质量分数/%	41. 42	42. 22	43. 09	43. 47	43. 85
摩尔浓度/(mol/L)	3. 9	3. 97	4. 06	4. 10	4. 13
每 1000g 水中含硫酸铵物质的量/mol	5. 35	5. 53	5. 73	5. 82	5. 91
每 1000mL 水中用硫酸铵质量/g	706. 8	730. 5	755. 8	766. 8	777. 5
每 1000mL 溶液中含硫酸铵质量/g	514. 8	525. 2	536. 5	541. 2	545. 9

参考文献

［1］孟晓．食品分析［M］．北京：中国轻工业出版社，2021.

［2］赵国华．食品化学实验原理与技术［M］．北京：化学工业出版社，2017.

［3］陈钧辉，陶力，李俊等．生物化学实验［M］．北京：科学出版社，2004.

［4］魏玉梅，潘和平．食品生物化学实验教程［M］．北京：科学出版社，2017.

［5］徐玮，汪东风．食品化学实验和习题［M］．北京：化学工业出版社，2019.

［6］蔡利．食品生物化学实训教程［M］．武汉：武汉大学出版社，2016.

［7］韦庆益，高建华，袁尔东等．食品生物化学实验［M］．广州：华南理工大学出版社，2017.

［8］Michael Knop，Katja Siegers，Gislen Pereira et al. Epitope tagging of yeast genes using a PCR-based Strategy：More tags and improved practical routines［J］. Yeast ，2010，15（10B）：963-972.